常见作物主要病虫害防治实用技术手册

张　涛　王步云　万　敏　主编

U0349454

中国农业科学技术出版社

图书在版编目（CIP）数据

常见作物主要病虫害防治实用技术手册/张涛，王步云，
万敏主编．—北京：中国农业科学技术出版社，2019.5（2021.11 重印）
　ISBN 978-7-5116-3530-3

　Ⅰ．①常… Ⅱ．①张… ②王… ③万… Ⅲ．①作物—
病虫害防治—手册 Ⅳ．① S435-62

　中国版本图书馆 CIP 数据核字（2018）第 037248 号

责任编辑	史咏竹
责任校对	李向荣

出 版 者	中国农业科学技术出版社
	北京市中关村南大街 12 号　邮编：100081
电　话	（010）82105169（编辑室）　（010）82109702（发行部）
	（010）82109709（读者服务部）
传　真	（010）82106626
网　址	http://www.castp.cn
发　行	各地新华书店
印 刷 者	北京尚唐印刷包装有限公司
开　本	710 mm×1 000 mm　1 /16
印　张	9.5
字　数	197 千字
版　次	2019 年 5 月第 1 版　2021 年 11 月第 3 次印刷
定　价	48.00 元

《常见作物主要病虫害防治实用技术手册》
编 委 会

主 编　张　涛　王步云　万　敏

副主编　乔　岩　郑书恒　赵　磊　王福贤

编　者　（以姓氏拼音为序）

蔡　乐　陈海明　陈青君　戴宇婷　丁守付

董金皋　谷培云　国　洋　胡　彬　焦雪霞

李　建　李秋生　李兴红　刘士华　卢志军

沈国印　师迎春　石宝才　魏阿欣　杨金利

张　智　张保常　张桂娟　张国珍　张秋友

赵世福　郑建秋　周　涛　Phil Taylor

前　言

　　21世纪初，北京市正式将都市型现代农业作为农业发展方向，以高科技、高辐射、高效益、生态环保、质量安全作为发展要求，引领全国现代农业的发展。安全、优质、高端的蔬菜产业成为都市型现代农业的主要形态，日益兴盛的水果产业也逐渐占据了一席之地。目前，北京市蔬菜和水果的农业生产中，病虫害防治仍以化学防治为主，并存在一些问题：长期单一使用同一种农药，常规高效化学药剂使用频次不断增加；农户安全用药意识薄弱，存在乱配混配等不科学用药现象；忽视施药器械质量，造成农药利用率低，等等。上述问题导致了病虫害防治效果较差，病虫迅速产生抗药性，化学农药依赖持续增加，影响了农产品质量安全和生态环境安全。

　　2017年中央一号文件中提出要"推行绿色生产方式，增强农业可持续发展能力，深入推进化肥农药零增长行动，扩大农业面源污染综合治理试点范围"。随着北京市农业"调转节"工作的深入开展，推动"绿色、生态"为主题的都市型现代农业成为北京市当前及今后的重要任务。绿色防控技术的全面推广无疑对于减少化学农药使用，保障农产品质量安全、农业生态环境安全，实现产出高效、产品安全、资源节约、环境友好的都市型现代农业绿色发展道路意义重大。

　　当前北京市绿色防控技术的推广应用主体主要是大型示范基地、合作社等，而规模相对较小、主体分散、位置偏远、技术薄弱的广大中小生产基地和生产者往往被忽视，造成其对绿色防控技术了解和掌握滞后，绿色防控技术推广进展缓慢，使用率偏低，难以实现真正意义上的全面覆盖。全面推进绿色防控技术，提高覆盖率和实现跨越式发展，必须正视和关注广大中小规模农业生产者。

　　北京市近年来基于植物诊所工作发展三级植物健康体系，调动社会力量参与，延伸植保工作服务链条，植物医生通过开具绿色防控大处方，为农户提供面对面、一对一的病虫害诊断和防治技术咨询服务，提高绿色防控技术覆盖率，而植物医生在开方过程中一个重要的参考就是病虫识别诊断与防治技术明白纸，简称明白纸。2012年起，在国际应用生物科学中心（CABI）牵头的植物智慧（Plantwise）项目支持下，北京市植物保护站开展了培训和研讨等一系列工作，组织一线植保工作者和专家定期开发和修订明白纸。明白纸的开发以"绿色发展，生态优先"为原则，以"预防为主、综合防治"为指导理念，通过采纳北京市一线工作者和专家的研究成果和实践经验，用最简练、最通俗的科普语言描述病虫主要鉴别特征和为害习性，并且提出最适合北京地区、经济有效且安全环保的病虫绿色综合防控技术。

编者根据近年来北京种植的主要蔬菜、水果种类，及其病虫害发生特点，有重点地对部分明白纸的内容进行整理并集结成册，编辑成《常见作物主要病虫害防治实用技术手册》一书。本书分为两部分，分别是病害和虫害。涉及大白菜、番茄、黄瓜、辣椒等蔬菜，草莓、西瓜、葡萄、桃等水果，以及粮食作物玉米，相关病害94种，虫害30种（包括同一类害虫在不同作物上为害）。病害防治实用技术包括症状识别、发病规律及防治措施，虫害防治实用技术包括害虫识别与为害特点、发生规律及防治措施。希望本书能够帮助种植户、植物医生以及喜欢种植阳台蔬菜的广大市民识别相关病虫害，并采取安全、科学的防治方法进行防治，从而有效推广绿色防控技术，保障农产品质量安全。

本书编撰过程中，得到了农业科研院所、北京市植保系统专家和技术人员，及植物智慧（Plantwise）项目的大力支持，在此一并致以谢意。

由于编写人员学识水平有限，实际经验不足，书中难免有错误、遗漏和不妥之处，恳请读者、有关专家批评指正。

编　者

2019年2月28日

植物智慧项目简介

植物智慧（Plantwise）项目是国际应用生物科学中心（CABI）于 2011 年牵头启动的一个全球规划，旨在与全球相关机构合作，构建一个全球植物病虫害防治体系，帮助发展中国家的农民提高收入，帮助发展中国家的政府加强国家植物健康体系，保障粮食安全。植物智慧项目以两种创新的方式和途径提供咨询、传播知识：一是通过植物诊所（Plant Clinic）面对面地为农民免费提供植物健康问题的实用解决方案；二是通过一个综合的在线知识库（Knowledge Bank）免费分享植物保护实用知识。截至 2018 年年底，植物智慧已在包括中国在内的 34 个国家培训了 9 200 多名植物医生，建立了 2 800 多个植物诊所，运用"气候智能型农业"和"有害生物综合防治（IPM）"原则，帮助农户减少作物因病虫害造成的损失，累计惠及全球 1 830 万农户。项目先后获得 4 项国际大奖，入围 2 个国际奖项的决选名单。

植物智慧项目从 2012 年开始在中国实施，项目与中国农业科学院植物保护研究所、北京市植物保护站、四川省植物保护站、广西壮族自治区桂林市兴安县植保站等单位合作，在北京、四川、广西等省区市开展植物医生及诊所管理和技术支持培训，建立并运行了 93 家植物诊所，直接服务农户累计超过 73 000 人次。植物诊所这一创新的农技推广模式已逐渐融入项目实施地区的植保工作体系，助力我国绿色防控技术推广和农药减量工作。

更多信息请登录项目网站 www.plantwise.org。

说　明

　　1. 本书由北京市植物保护工作一线的农业专家编写，是其长期工作经验的积累，所提供的建议注重生产中的实用性。

　　2. 本书中的图片由相关农业科研院所、北京市植保系统的单位提供。

　　3. 本书给出了具体的病虫害防治措施，依照建议施用农药时，请穿防护服，施用方法参照产品标签上标明的剂量、施用时间和安全间隔期等。

目　录

下篇　虫害防治实用技术

上篇

病害防治实用技术

菠菜霜霉病

菠菜霜霉病是菠菜生产上的一种多发病害，主要为害叶片，一般从老叶开始发病。发病初期叶面出现淡绿色小斑点，逐渐形成淡黄色病斑，叶背面病斑处着生白色霉层；随着病情的发展，病斑相互连成不规则病斑，病斑扩大，使整个叶片坏死干枯。

发病规律

菠菜霜霉病是卵菌病害，病原菌在寄主、种子上或病残体叶内越冬。气温10℃、

菠菜霜霉病病叶正面
（图片来源：北京市延庆区植物保护站）

菠菜霜霉病病叶背面
（图片来源：北京市延庆区植物保护站）

相对湿度85%的条件适宜发病。病原菌可借气流、雨水、农具、昆虫在田间传播。菠菜霜霉病在低温高湿环境下发病严重，有时甚至绝收。种植过密，植株生长弱，积水和早播情况下发病重。

防治措施

农业防治：及时清除前茬作物残体，带出田外深埋或烧毁；加强田间管理，合理密植、科学浇水，防止大水漫灌，加强放风，降低湿度。

生物防治：在发病初期可选用1.5亿孢子/克木霉（快杀菌）可湿性粉剂400~800倍液，或用1×10^6孢子/克寡雄腐霉可湿性粉剂3 000倍液进行叶面喷施防治，每7~10天一次，连续3~5次。

化学防治：在发病初期可选用50%烯酰吗啉可湿性粉剂1 500倍液、50%霜脲氰可湿性粉剂2 000倍液、25%烯肟菌酯乳油2 000倍液、72.2%霜霉威水剂800倍液进行叶面喷施，每7天一次，连续3次，注意轮换用药，避免产生抗药性。

彩椒脐腐病

症状识别

　　彩椒脐腐病主要为害果实，果实受害后，顶部出现暗褐色病斑，边缘水浸状，果肉失水皱缩，略有凹陷，一般不腐烂，空气潮湿时病果会因其他真菌污染而腐烂。

发病规律

　　彩椒脐腐病是一种生理病害，由缺钙造成。盐渍化土壤，施用氮肥、钾肥过多，干旱条件下供水不足或忽干忽湿，高温时蒸发过快造成钙的流失，彩椒根系吸水受阻，阻碍植株对钙的吸收，发生较重。不同品种间发病差异明显。

防治措施

　　科学施肥：增施腐熟有机肥，如果土壤出现酸化现象，应施用一定量的石灰，避免一次性大量施用铵态氮化肥和钾肥。

　　均衡供水：土壤不宜过干或过湿，否则容易引起脐腐病和裂果。雨后棚内出现积水，要及时排除，可减少脐腐病发生。

　　叶面补钙：进入结果期，每隔 10~15 天喷一次 0.1%~0.3% 的氯化钙或硝酸钙等，连续使用。

彩椒脐腐病

（图片来源：北京市延庆区植物保护站）

彩椒脐腐病

（图片来源：北京市延庆区植物保护站）

彩椒日灼病

症状识别

彩椒幼果和成熟果实均会受害。向阳面被太阳照射灼伤，初期褪绿，后期呈黄白色，病斑边缘明显；随着病害的发展，病部果肉逐渐失水变薄，稍凹陷，形成有光泽近似透明的革质状，病部易受杂菌污染，生长黑色或粉色霉层，甚至腐烂。

发病规律

彩椒日灼病是一种生理性病害。主要因为叶片少，遮阴不好，在设施生产中没有采取遮阴措施，使果实受强烈阳光直射，水分大量蒸发，造成果面局部温度升高而烧伤。

防治措施

彩椒打杈时要留3~5片叶，起到遮阴的作用。设施种植时，在7—8月盛果期采用遮阳网遮阴，每天上午10时铺上遮阳网，下午4时放下；也可采用高密度种植。从田间取适量土壤，用水稀释后呈泥浆，泼到棚室顶部，也可起到遮阴的作用。

彩椒日灼病病果
（图片来源：北京市延庆区植物保护站）

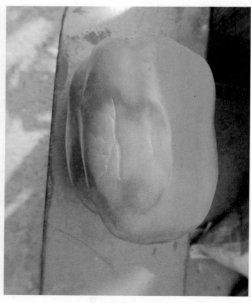

彩椒日灼病病果
（图片来源：北京市延庆区植物保护站）

草莓白粉病

　　主要为害草莓叶片和果实，以为害果实为主，在果实表面产生白色粉状物。果实早期染病影响果实发育可造成僵果，中后期染病导致果实着色不均，果实变软；叶片受害在叶背面产生白色丝状、粉状物，新叶比老叶更易感病，病情加重时叶缘向上卷起，后期呈黄褐色；花瓣感病时变红，影响开放。白粉病发生严重时还可为害叶柄、花萼和果梗等，发病部位出现白粉状物。

　　草莓白粉病由真菌引起。温室生产整个生育期均可发生，头年11月、翌年3月中下旬为病害高发期，在温度15~25℃、相对湿度40%~80%时容易发病和蔓延，温度高于35℃或低于5℃对病害有抑制作用，生产上栽培密度过高、光照不足、通风不良、空气湿度较大或氮肥施用较多时容易发生病害。

草莓白粉病病果

（图片来源：北京市植物保护站）

草莓白粉病病叶
（图片来源：北京市植物保护站）

草莓白粉病病茎
（图片来源：北京市植物保护站）

防治措施

农业防治：优先选用抗病品种，通常欧美品种如童子一号、甜查理、阿尔比抗白粉效果较好；适当减小种植密度，合理密植；采用大垄双行定植；及时摘除老叶、枯叶。

物理防治：高温闷棚。

生物防治：可在用硫黄熏蒸时配合使用生物杀菌剂2% 武夷菌素200 倍液、枯草芽孢杆菌（1 000 亿孢子 / 克）48~72 克 / 亩（1 亩 ≈ 667 平方米，全书同）、寡雄腐霉8 000 倍液进行喷雾防治，效果更佳。

化学防治：定植前对棚室进行消毒，用硫黄或百菌清烟剂进行熏蒸，用硫黄熏蒸进行防治时，温室内每隔 10 米在棚室中央放置一个电热自动控温硫黄熏蒸罐，北京地区于 11 月初傍晚扣膜后进行熏蒸，每天不超过 4 小时，连续熏蒸 3 天即可起到明显效果。病害发生时，选择化学药剂 42.4% 氟唑菌酰胺·吡唑嘧菌酯（健达）悬浮剂1 000~1 500 倍液、42.8% 肟菌酯·氟吡菌酰胺（露娜森）1 500~3 000 倍液、10% 苯醚甲环唑（世高）水分散粒剂 900~1 500 倍液或 4% 四氟醚唑（朵麦可）50~83 克 / 亩进行喷雾防治，喷药时主要喷施叶片背面，每次间隔 7 天，连续喷雾 3 次。经常使用要注意药剂的交替使用，避免产生抗性。

草莓根腐病

症状识别

根部病变呈现红褐色，莓农形象地称之为"红中柱"根腐病。根系感病从新生根和侧根开始，根系逐步呈现深褐色或黑色。随着病情的发展，根系迅速坏死，叶片黄化、枯死。

发病规律

病菌以菌丝和厚垣孢子在土壤中越冬。通过雨水、大水漫灌、中耕等农事操作传播。高温、积水、通透性不好的黏性土壤根腐病发生较重。

防治措施

农业防治：选用无病、健壮种苗；与十字花科蔬菜轮作倒茬；施足充分腐熟的有机肥；中耕避免伤根，合理灌水施肥。

生物防治：寡雄腐霉 2 000~3 000 倍液穴施灌根，每株灌 250 毫升，每 7 天一次，连续灌根 2~3 次。

化学防治：用 50% 多菌灵可湿性粉剂 500 倍液、98% 恶霉灵可湿性粉剂 2 000 倍液或 70% 甲基托布津可湿性粉剂 600 倍液灌根，每株灌 250 毫升，每 7 天一次，连续灌根 2~3 次。

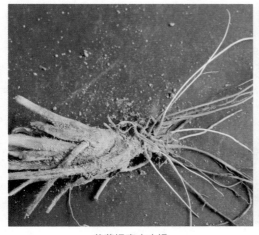

草莓根腐病病根

（图片来源：北京市昌平区植保植检站）

草莓根腐病病株

（图片来源：北京市昌平区植保植检站）

草莓灰霉病

症状识别

草莓灰霉病主要为害花、花萼、果实和叶片，北京地区以为害果实为主，是花果期最重要的病害之一，花萼变红是灰霉病早期主要症状之一，幼果受害蒂部呈水渍状软化，导致发育停止；已转色的果实受害，初期出现油渍状褐色小斑点，湿度大时迅速扩大，僵果腐烂，果肉变软，表面密生灰色霉层；叶片染病一般从叶缘开始，出现暗色污斑，大小不等，后期呈红褐色病斑，叶缘萎缩、枯焦，典型特征是发病部位产生鼠灰色霉状物。

发病规律

草莓灰霉病由真菌引起，灰霉病属于"低温高湿"型病害，主要发生在开花后，在气温18~20℃，相对湿度60%以上时容易发病，夜间温度在10℃以下时不易发病，

草莓灰霉病病果

（图片来源：北京市植物保护站）

草莓灰霉病病果
（图片来源：李兴红）

草莓灰霉病病叶
（图片来源：李兴红）

北京地区通常1月上旬至3月下旬为病害高发期，连阴雨、灌水过多、地膜积水、施氮肥多、密度过大以及棚内通风不良均可诱发该病。

防治措施

农业防治：优先选择抗病品种，日系品种红颜、章姬等较抗病；适当减小种植密度，合理密植，采用大垄双行定植；及时摘除病株、病果，置于装有药液的桶中；注意科学通风，阴天也要适当短时间通风以降低湿度；避免过多施用氮肥，应增施磷钾肥；在发病时期加大放风将湿度降低到50%以下，闭棚将温度提高到35℃，闷棚2小时，然后防风降温，连续闷棚2~3次可起到明显抑制作用。

生物防治：发病前期可选用木霉菌（2亿活孢子/克）可湿性粉剂500倍液、寡雄腐霉8 000倍液，茎叶喷雾。

化学防治：可选用50%啶酰菌胺水分散粒剂1 500倍液、50%咯菌腈可湿性粉剂4 000倍液或50%腐霉利（速克灵）可湿性粉剂1 000倍液喷雾，每7天一次，连续喷2~3次，建议交替施药，以免产生抗药性，也可采用速克灵烟剂熏蒸。

草莓枯萎病

症状识别

一般开花初期和结果期发病，新叶或侧叶最先黄化。老叶呈现红色萎蔫维管束组织病变，致使植株生长较一般植株矮化，前期叶片簇状卷曲，中期因水分养分输导受阻，植株逐渐出现黄化，呈现营养不良。后期白天呈现失水性萎蔫，逐步遍及全株，致使全株萎蔫死亡。

发病规律

草莓枯萎病由真菌引起，是一种土传病害。枯萎病菌为害植株维管束，全生育期都能发病，在土壤中越冬，可借助未腐熟的有机质（肥）传播。发病适宜温度为22~32℃，重茬、大水漫灌有利于发病。

草莓枯萎病病株
（图片来源：北京市昌平区植保植检站）

草莓枯萎病病株
（图片来源：北京市昌平区植保植检站）

防治措施

农业防治：选用无病、健壮种苗，做好源头控制；与玉米、蔬菜等轮作、倒茬，改善病原菌滋生环境；用石灰氮进行土壤消毒，杀灭病原；适当施入充分腐熟的农家肥，改良土壤黏度、通透性；加强田间管理，增施生物菌肥、磷钾肥，通风透光，及时清除病残体。

生物防治：定植时期，用枯草芽孢杆菌（1 000亿孢子/克）1 000倍液、寡雄腐霉2 000~3 000倍液、2%氨基寡糖素水剂300~450倍液穴施灌根，250毫升/株；

化学防治：可采用98%恶霉灵可湿性粉剂2 000倍液、甲基托布津可湿性粉剂500倍液或50%多菌灵可湿性粉剂500倍液，在开花结果初期、盛果期灌根防治，250毫升/株。

草莓炭疽病

症状识别

草莓炭疽病主要为害叶片、叶柄、托叶、匍匐茎等部位。匍匐茎受害重，叶片次之。在匍匐茎和叶柄上的病斑初为纺锤形、凹陷，当扩展成为黑褐色环形圈时，病斑以上部分萎蔫枯死。该病除引起局部病斑外，还易导致草莓苗整株萎蔫死亡，发病初始1~2片展开叶失水下垂，傍晚或阴天恢复正常，随着病情加重，则全株枯死。根茎部横切面观察，可见自外向内发生局部褐变。

发病规律

草莓炭疽病由真菌引起。病菌侵染最适气温为28~32℃，相对湿度在90%以上，是典型的高温高湿型病菌。5月下旬后，当气温上升到25℃以上，草莓匍匐茎或近地面的幼嫩组织易受病菌侵染，7—9月在高温高湿条件下，病菌传播蔓延迅速。特别是连续阴雨或阵雨2~5天过后的草莓连作田、老残叶多、氮肥过量、植株幼嫩及通风透光差的苗地发病严重，可在短时期内造成毁灭性的损失。

草莓炭疽病病茎
（图片来源：北京市植物保护站）

防治措施

农业防治：采用设施避雨和基质育苗；白天天气晴好时，要加大通风力度，降低大棚内的温度、湿度；及时摘除病叶、病茎、枯叶、老叶以及带病残株，并销毁。

化学防治：露地苗圃应在匍匐茎开始伸长时喷药保护，用50%咪鲜胺1 500倍液、10%苯醚甲环唑1 000~1 500倍液、40%多·福·溴菌腈（中保炭息）可湿性粉剂1 500倍液、80%代森锰锌800~1 000倍液、70%甲基托布津800~1 000倍液或25%嘧菌酯1 000~1 500倍液，间隔7天一次，共防2~3次；要注意交替用药，延缓抗药性的产生，喷药液要均匀，可提高防治效果，连续降雨后再转晴天后应立即预防。

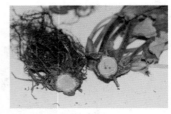

草莓炭疽病病茎（横切面）
（图片来源：北京市植物保护站）

草莓炭疽病病叶
（图片来源：张国珍）

草莓叶斑病

症状识别

　　草莓叶斑病又称草莓蛇眼病、白斑病。病叶上开始形成紫红色小斑，随后扩大成2~5毫米的圆形或椭圆形病斑，边缘紫红色，中间灰白色，像蛇眼。严重时，数个病斑可融合成大病斑，直至叶片枯死，影响植株生长和芽的形成。

发病规律

　　草莓叶斑病由真菌引起。在夏秋高温高湿季节，管理粗放、排水不良的地块发生严重，常见于北京地区的露地育苗地块，生产棚室少见发生。该病主要为害叶片，也侵害叶柄和匍匐茎。

防治措施

　　农业防治：加强田间管理，及时摘除老叶、枯叶，改善通风透光环境、保持合理的种苗密度，以免造成环境郁闭；及时摘除病叶、清除病株，减少菌源；避免连作；定植时淘汰病苗、弱苗。

　　化学防治：移栽前种苗用70%甲基托布津600倍液浸洗5~10分钟，晾干后定植；也可用25%嘧菌酯悬浮剂预防，或10%苯醚甲环唑水分散粒剂1 500倍液、70%甲基托布津600倍液等喷雾。

草莓叶斑病病叶
（图片来源：北京市植物保护站）

草莓叶斑病病叶
（图片来源：北京市植物保护站）

大白菜白斑病

症状识别

　　大白菜白斑病是大白菜生长过程中偶发的一种病害，主要为害老叶和成熟叶。开始叶片上产生灰褐色圆形小斑点，然后扩大为灰白色或灰褐色近圆形病斑，病斑周缘有淡黄色晕圈，后期如果天气干燥，病斑常破裂或穿孔。病害严重时，病斑相互连接，叶片枯黄坏死。

大白菜白斑病病叶
（图片来源：北京市延庆区植物保护站）

发病规律

　　大白菜白斑病由真菌引起，主要靠气流传播。病菌对温度要求不高，5~28℃均可发病，旬均温度在23℃左右，相对湿度高于62%，降雨达16毫米以上，雨后12~16天就可发病。白斑病发生轻重与品种、播种时间、地势和是否连作等有直接关系，一般地势低洼，土壤积水，播种时正赶上雨季或连茬，发病重。

防治措施

　　农业防治：加强栽培管理；与非十字花科蔬菜隔年轮作。

　　化学防治：可选用50%异菌脲（扑海因）可湿性粉剂1 000~1 500倍液、10%苯醚甲环唑（世高）水分散粒剂67~100克/亩或70%代森锰锌800倍液，每7天一次，连续3次，轮换用药避免产生抗药性。

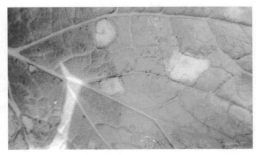

大白菜白斑病病叶
（图片来源：北京市延庆区植物保护站）

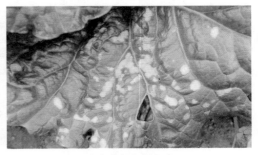

大白菜白斑病病叶
（图片来源：北京市延庆区植物保护站）

大白菜黑斑病

症状识别

黑斑病是大白菜上的一种主要病害，又称黑霉病。主要为害叶片，初期产生近圆形褪绿斑，后扩大变为灰褐色或褐色病斑，病斑上有同心轮纹，病斑周围有黄色晕圈，病斑多时叶片变黄干枯，潮湿条件下病部常产生黑色霉层。

发病规律

大白菜黑斑病由真菌引起。发病温度在 11~24℃，适宜温度为 12~20℃，相对湿度为 75%~85%，湿度高有利于发病。田间可通过气流、农事操作等传播。秋季遇连阴雨时有利于病害发生。

防治措施

农业防治：深翻土地，施足基肥，增施磷钾肥，多施有机肥；实行高垄栽培；白菜收后清除田间病残体，以减少菌源。

化学防治：发病初期喷施 3% 多抗霉素 600~800 倍液、50% 异菌脲（扑海因）可湿性粉剂 1 000 倍液、10% 苯醚甲环唑（世高）水分散粒剂 67~100 克 / 亩或 70% 代森锰锌 800 倍液，每隔 7 天喷一次，共喷 2~3 次。

大白菜黑斑病病叶
（图片来源：北京市延庆区植物保护站）

大白菜黑斑病病叶
（图片来源：北京市延庆区植物保护站）

大白菜霜霉病

症状识别

大白菜霜霉病主要为害叶片，从外叶开始侵染。发病初期在叶片上产生深黄色斑点，逐渐变成黄白色不规则形坏死病斑，病斑大小不一，叶背面病斑表面长出白色霜状霉层；随病情发展，多个病斑相互连接形成不规则形大斑，终致叶片坏死干枯。

发病规律

该病由真菌引起，从定苗到收获期均可发病。病菌在病残体、土壤中或附着在种子表皮上越冬，也可在其他寄主上为害过冬，借风雨、气流传播。连阴雨天、空气湿度高、结露时间长，病害发生严重。不同品种间抗性差异较明显。

防治措施

农业防治：选用抗病品种，如北京新3号等；收获后彻底清除病残落叶，尽可能与非十字花科蔬菜轮作，如番茄、菜豆。

生物防治：苗期发病可用寡雄腐霉20克/亩进行叶面喷施，重点喷在叶片背面白色霉层，每7天一次，连续3~4次。

化学防治：发病初期可选用50%烯酰吗啉可湿性粉剂1 500倍液、25%吡唑嘧菌酯乳油2 500倍液、64%噁霜·锰锌（杀毒矾）可湿性粉剂600~800倍液、72%霜脲·锰锌（克露）600~800倍液，重点喷在叶片背面白色霉层，每7天一次，连续3~4次。

大白菜霜霉病病叶
（图片来源：北京市延庆区植物保护站）

大白菜霜霉病病叶
（图片来源：北京市延庆区植物保护站）

大白菜软腐病

症状识别

大白菜软腐病最初发生在靠近地面的外围叶片基部，局部出现腐烂，呈灰褐色。条件适宜时，整株很快软化、腐烂，并散发出特殊的恶臭。

发病规律

大白菜软腐病由细菌引起。可通过人为活动、害虫取食造成的伤口侵入，借助降雨和浇水进行传播。播种过早、高温多雨、低洼积水、害虫发生较重的地块发生严重。

防治措施

农业防治：及早耕地晾晒，施腐熟的有机肥，采用高垄栽培；适期播种，北京地区立秋"前四天后三天"播种；雨后及时排水，拔除病株，并对病株附近土壤进行消毒，之后再浇水，包心期浇水忌漫过垄；及时防治田间害虫，减少人为及害虫造成伤口。

化学防治：对软腐病应以预防为主，在发病初期，可采用77%氢氧化铜（可杀得）500倍液或20%噻菌酮500倍液灌根或基部喷施，重点对中心病株附近植株防治。

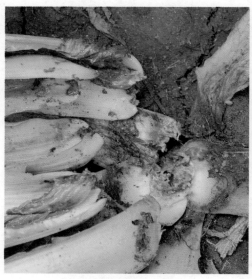

大白菜软腐病为害症状
（图片来源：北京市延庆区植物保护站）

大白菜软腐病病株
（图片来源：北京市延庆区植物保护站）

大葱紫斑病

症状识别

主要侵害叶片。发病初期，病斑小，略凹陷，后逐渐变大，椭圆形或梭形，褐色到紫色，边缘常具有黄色晕环。潮湿时病斑上生紫褐色霉层，并有同心轮纹，病部易折断。

发病规律

大葱紫斑病由真菌引起。病菌以菌丝体在寄主体内、种苗上或随病残体在土中越冬，也可以继续为害贮存的葱。在条件适宜时产生分生孢子，借气流、雨水传播。从寄主的伤口、气孔或表皮侵入。温暖、潮湿利于发病，管理粗放、排水不良、阴雨连绵、密度过大、长势衰弱等发病较重。

防治措施

农业防治：与非葱类作物实行 2 年以上轮作；施足底肥，多施有机肥，加强田间管理，增强植株抗病能力。

化学防治：发病初期开始用药，可选用 10% 多抗霉素 1 500 倍液、50% 异菌脲（扑海因）可湿性粉剂 600 倍液、10% 苯醚甲环唑水分散粒剂 67~100 克 / 亩或 70% 代森锰锌 800 倍液。每 7 天喷雾一次，连续 3 次；交替用药，以免产生抗药性。建议施药时加入展着剂，以提高防治效果。

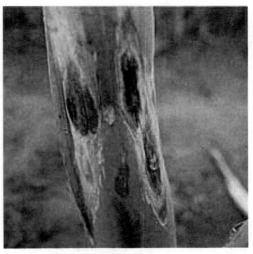

大葱紫斑病病叶
（图片来源：北京市顺义区植保植检站）

大葱紫斑病病叶
（图片来源：北京市顺义区植保植检站）

番茄病毒病

症状识别

该病症状主要有 3 种：花叶型，叶片上出现黄绿相间或深浅相间斑驳，叶脉透明，叶略有皱缩，植株略矮；蕨叶型，植株不同程度矮化，由上部叶片开始全部或部分变成线状，中下部叶片向上微卷，花冠变为巨花；条斑型，可发生在叶、茎、果上，在叶片上为茶褐色的斑点或云纹，在茎蔓上为黑褐色条形斑块，斑块不深入茎、果内部。此外，有时还可见到巨芽、卷叶和黄顶型症状。

发病规律

番茄病毒病由多种病毒引起。番茄病毒的毒源种类在一年里往往有周期性的变化，春夏两季烟草花叶病毒比例较大，而秋季以黄瓜花叶病毒为主。病毒主要由蚜虫传播，也可通过接触传染。冬季病毒多在宿根杂草上越冬，春季蚜虫迁飞传毒，引致发病。番茄病毒病的发生与环境条件关系密切，一般高温干旱天气利于病害发生。

番茄病毒病病果
（图片来源：李兴红）

番茄病毒病病株
（图片来源：周　涛）

防治措施

农业防治：优先选用抗病品种；夏秋茬番茄育苗时设置防虫网和遮阳网，降低棚温，及时防治和阻断蚜虫是关键。

生物防治：发病初期喷洒 1% 香菇多糖水剂 150~250 毫升 / 亩，或 2% 氨基寡糖素水剂 300~450 倍液，对病毒病有一定的抑制作用。

化学防治：早期防蚜，尤其是高温干旱年份要注意及时喷药治蚜，可用 10% 宁南霉素可湿性粉剂 1 000 倍液、10% 吡虫啉可湿性粉剂 1 000 倍液或 25% 噻虫嗪（阿克泰）水分散粒剂 1 500 倍液，注意轮换用药。

番茄白粉病

症状识别

番茄白粉病主要为害番茄叶片，初发病时，叶片正面出现点、片状白粉，严重时整个叶片都被白粉所覆盖，像被撒上一层面粉，到最后，致使叶片萎黄，全株枯死。

发病规律

番茄白粉病由真菌引起，是保护地番茄的常见病害，病菌主要依靠气流传播为害，在25~28℃和干燥条件下该病易流行。在湿润的环境下该病会受到抑制。

防治措施

农业防治：优先选用抗病品种；加强栽培管理：做好配方施肥、合理密植，严格控制空气湿度，防止形成干燥的环境，适时浇水，使棚内保持一定的湿度。

生物防治：使用生物杀菌剂2%武夷菌素水剂200倍液、枯草芽孢杆菌（1 000亿孢子/克）48~72克/亩、寡雄腐霉8 000倍液进行喷雾防治。

化学防治：定植前对棚室进行消毒，用硫黄或百菌清烟剂进行熏蒸，或高温闷棚。病害发生时，选择化学药剂42.4%氟唑菌酰胺·吡唑醚菌酯（健达）悬浮剂1 000~1 500倍液、42.8%肟菌酯·氟吡菌酰胺（露娜森）1 500~3 000倍液、40%氟硅唑（福星）乳油7 000倍液、10%苯醚甲环唑（世高）水分散粒剂900~1 500倍液进行喷雾防治，喷药时主要喷施叶片背面，每次间隔7天，连续喷雾3次。经常使用要注意药剂的交替使用，避免产生抗性。

番茄白粉病病叶
（图片来源：北京市植物保护站）

番茄白粉病病叶
（图片来源：北京市延庆区植物保护站）

番茄斑枯病

症状识别

番茄斑枯病初发病时，叶片背面出现水浸状小圆斑，不久正反面都出现圆形和近圆形的病斑，边缘深褐色，中央灰白色、凹陷，一般直径2~3毫米，密生黑色小粒点。发病严重时，叶片逐渐枯黄，植株早衰，造成早期落叶。茎上病斑椭圆形、褐色，果实上病斑褐色、圆形。

发病规律

番茄斑枯病由真菌引起。病菌随病残体在土中越冬，可借雨水溅到番茄叶片上，所以接近地面的叶片首先发病。此外，雨后或早晚露水未干前，可通过农事操作进行传播。温暖潮湿及阴天都有利于斑枯病发生。当气温在15℃以上，遇阴雨天气，病害容易流行。斑枯病常在初夏发生，到果实采收中后期蔓延很快。

防治措施

农业防治：番茄采收后，要彻底清除田间病株残余物和田边杂草，施用充分腐熟的有机肥；及时打掉下部病叶、老叶，带出田外，集中销毁。

化学防治：发病初期可喷施3%多抗霉素600~800倍液、50%异菌脲（扑海因）可湿性粉剂1 000倍液、10%苯醚甲环唑（世高）水分散粒剂67~100克/亩或70%代森锰锌800倍液，每7~10天喷一次，连续喷2~3次。

番茄斑枯病病叶
（图片来源：北京市延庆区植物保护站）

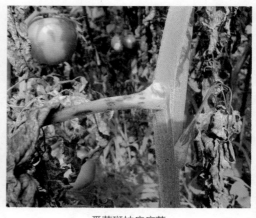

番茄斑枯病病茎
（图片来源：北京市延庆区植物保护站）

番茄根结线虫病

症状识别

患有根结线虫的番茄严重时根部呈葡萄状，植株生长缓慢、黄弱，晴天中午易出现萎蔫，傍晚时恢复。挖出病株根部，可见主根朽弱，侧根和须根上形成许多根结，俗称"瘤子"。根结大小、形状不一，初为白色，质地柔软，后变淡灰褐色，表面有时龟裂。剖开根部镜检可见病束组织内有形态极小、鸭梨状、乳白色的雌线虫。

发生规律

番茄根结线虫病是由南方根结线虫造成的，多以2龄幼虫或卵随病残体遗留在5~30厘米土层中侵入番茄根部，刺激根部细胞增生，产生新的根结或肿瘤。田间发病的初始虫源主要是病土或病苗。根结线虫生存最适温度25~30℃，高于40℃或低于5℃都很少活动，55℃经10分钟致死。田间土壤湿度是影响根结线虫孵化和繁殖的重要条件。土壤湿度大适合蔬菜生长，也适于根结线虫活动；雨季有利于根结线虫孵化和侵染，但在干燥或过湿土壤中，其活动受到抑制。通常沙土地较黏土田块发生重。

番茄根部受害状

（图片来源：北京市顺义区植保植检站）

番茄植株受害状

（图片来源：北京市顺义区植保植检站）

防治措施

农业措施： 无病土育苗；选择抗病品种仙客 6 号、仙客 8 号；彻底清除病残体。

物理防治： 日光高温消毒，在盛夏 6—8 月，前茬拉秧后，仔细清除残株杂草，深翻、破碎土团，均匀撒施长度为 3~5 厘米的碎稻草或麦秸（500 千克 / 亩）、生石灰（500 千克 / 亩），在均匀悬耕后灌水、覆膜、将四周压实，最后密闭棚室 10~15 天。如遇持续阴雨天气，则延长至 20~30 天，以提高地温，增强灭菌杀虫效果。

化学防治： ① 土壤处理并结合灌根法防治。定植前每平方米用 1.8% 阿维菌素 1~1.5 毫升，稀释 3 000 倍浇灌，或 10% 噻唑啉（福气多）颗粒剂 1.5~2 千克 / 亩，穴施，然后再打垄作畦。对生长期较长的蔬菜，再结合 1.8% 阿维菌素 1 000 倍液于作物定植后 30 天、60 天各灌根一次。② 35% 威百亩（线克）水剂熏蒸处理。在盛夏高温季节（6—8 月），棚室空闲期间，清除残株杂草，翻耕土壤并开沟，沟深 16~30 厘米，间距 24~30 厘米，每亩用 35% 威百亩 30 千克，对水 500 千克均匀浅施沟内，随即盖土，覆膜，整个棚室全部密闭 15 天后揭膜，翻耕透气 5 天后，每亩施入腐熟有机肥 3 000~4 000 千克。

番茄黄化曲叶病毒病

症状识别

　　番茄黄化曲叶病毒病在番茄生产中是一种毁灭性病害。初期主要表现为生长迟缓或停滞，植株明显矮化，节间变短，上部新叶边缘出现黄绿不均斑块，叶片黄化，明显变小、变厚，向上卷曲，叶质脆硬。发病后期开花、坐果减少，果实变小，膨大速度慢。成熟期的果实不能正常转色，成熟不均匀。

番茄黄化曲叶病毒病病株
（图片来源：北京市延庆区植物保护站）

发病规律

　　番茄黄化曲叶病毒病由病毒引起。该病毒在自然条件下主要通过烟粉虱进行传播，也可通过带毒种苗进行远距离传播，夏秋季节发病较重。

防治措施

　　农业防治：优先选用抗病品种；加强栽培管理，培育和使用无毒苗；加强水肥管理，增强植株抗病能力；拔除发病植株，清除棚室及周边杂草等寄主植物；合理轮作，减少虫源和毒源。

番茄黄化曲叶病毒病病叶
（图片来源：北京市延庆区植物保护站）

　　物理防治：用50~60目防虫网隔离烟粉虱，通风口用防虫网隔离；可在棚室内设黄板诱杀烟粉虱，15~20块/亩；换茬时进行高温闷棚，6—8月时拔除植株，补好棚膜漏洞，封闭7~10天，之后清除棚内植株残体。

　　化学防治：棚室育苗或定植前用敌敌畏烟剂熏蒸消毒；中午时分用手触碰植株发现小白蛾子飞出应立即用药，茄果类苗期选用24%螺虫乙酯（亩旺特）4 000~5 000倍液，生长期选用25%噻虫嗪（阿克泰）水分散粒剂3 000~5 000倍液、10%吡丙醚乳油800~1 200倍液或3%啶虫脒（莫比朗）乳油1 000~2 000倍液等药剂喷雾。

番茄灰霉病

症状识别

番茄灰霉病主要为害果实，也可为害花、叶、茎，典型特征是在发病部位产生大量鼠灰色霉层。一般从叶尖、残存花瓣、果柄开始发病，叶片受害呈典型"V"字形向内扩展，果实受害起初由脐部或蒂部开始，继而向青果果面扩展，染病的青果呈灰白色、软腐，密生大量鼠灰色霉层。

番茄灰霉病病叶

（图片来源：北京市延庆区植物保护站）

发病规律

番茄灰霉病由真菌引起。病菌主要随病残体遗落在土中越夏或越冬，借气流、雨水和人为生产活动传播。该病多发生于冬季和春季，属典型的低温高湿病害。适宜发病温度20~23℃，相对湿度80%以上、弱光有利于发病。连阴雨天气、放风不及时、密度过大均易于该病发生。

番茄灰霉病病果

（图片来源：北京市延庆区植物保护站）

防治措施

农业防治： 加强栽培管理，采用滴灌、膜下暗灌，降低湿度；及时清除病花、病叶、病果，防止病害蔓延；适当增施磷钾肥，提高植株抗病能力；有条件的可以采用熊蜂授粉。

化学防治： 番茄蘸花药液中加入1%的50%嘧霉胺可湿性粉剂或2.5%咯菌腈悬浮剂预防效果较好；发病初期，用42.4%吡唑嘧菌酯·氟唑菌酰胺（健达）悬浮剂1 000~1 500倍液、50%啶酰菌胺水分散粒剂33~46克/亩、50%嘧霉胺1 000倍液或50%速克灵1 000倍液，每隔5~7天喷一次，连喷3~4次，重点喷施于发病部位。灰霉病菌易产生抗药性，防治时应尽量减少用药量和施药次数，并注意轮换、交替用药。低温阴雨天时可采用速克灵或百菌清烟剂熏蒸。

番茄灰霉病病茎

（图片来源：李兴红）

番茄灰叶斑病

症状识别

　　只为害叶片，发病初期叶面布满暗色圆形或不正圆形小斑点，后沿叶脉向四周扩大，呈不规则形，中部渐褪为灰白至灰褐色。病斑稍凹陷，多较小，直径 2~4 毫米，极薄，后期易破裂、穿孔或脱落。

发病规律

　　番茄灰叶斑病由真菌引起，病菌可在土壤、病残体或种子上越冬。来年温湿度适宜时产生分生孢子，进行初侵染；孢子通过风雨传播进行再侵染。温暖潮湿、阴雨天及结露持续时间长是发病的重要条件。

防治措施

　　农业防治：加强田间管理，增施有机肥及磷钾肥；增强寄主抗病力；收获后及时清除病残体，集中烧毁。

　　化学防治：发病初期喷施 10% 苯醚甲环唑 1 500 倍液、80% 代森锰锌（大生）600 倍液，5~7 天一次，连喷 3~4 次。

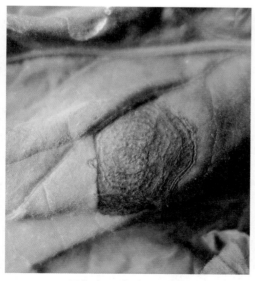

番茄叶正面灰叶斑病病斑
（图片来源：北京市植物保护站）

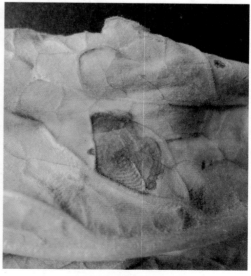

番茄叶背面灰叶斑病病斑
（图片来源：北京市植物保护站）

番茄筋腐病

症状识别

番茄筋腐病表现为褐变和白变两种类型，褐变型筋腐病果面上出现局部褐变，甚至坏死，凹凸不平，果肉僵硬。切开病果，可见果内维管束变褐坏死，有时果肉也出现褐色坏死症状。发病轻时果面有时可见到凹凸不平的病斑，发病处着色不良，收获时果面有明显绿色或淡绿色病斑，伴有果肉变硬、果实空腔。褐色筋腐病常发生在果实的背光面，且下位花序的果实比上位的发病多。白变型筋腐病多发生在果皮部的组织上。病部具有蜡样光泽，质硬，果肉呈糠心状，病部着色不良，品味差。

番茄筋腐病病果
（图片来源：北京市延庆区植物保护站）

发病规律

番茄筋腐病属生理性病害，主要因为光照不足，低温高湿，二氧化碳浓度偏低，同时不合理施肥，致植株缺钾或不能正常吸收钾，尤其铵态氮过多，使碳水化合物与氮的比值下降，番茄植株新陈代谢失调，导致维管束木质化而诱发筋腐病。低温弱光条件下多发生褐色筋腐病。

防治措施

种植较抗病品种，如佳粉1号、佳粉2号，注意轮作换茬，缓解土壤养分失调。合理密植，适时整枝，改善通风透光条件，增加光照；浇水时防止大水漫灌，最好采用膜下渗灌或滴灌，防止湿度过大，避免土壤板结。施用充分腐熟的有机肥，使用生物菌肥。防止偏施氮肥，尤其避免过多施用铵态氮肥。必要时在低温寡照期或发病初期叶面喷施磷酸二氢钾、复硝钠或多元复合肥。

番茄筋腐病病果（剖面）
（图片来源：北京市延庆区植物保护站）

番茄溃疡病

症状识别

此病全生育期均可发生。幼苗发病，叶片由下至上萎蔫坏死，叶柄上凹陷坏死，茎髓部变色，幼苗枯死；成株发病由下至上，初下部叶片叶边干枯，叶片一半黄化、萎蔫、翻卷，随后整个叶片萎蔫、干枯，至整个植株死亡。发病后期茎秆、叶柄上出现狭长的褐色条斑，上下扩展，下陷或开裂，病茎增粗，常产生大量气生根，茎内中空或呈褐色。果实受害后畸形、发育慢，青果上病斑圆形，外围白色，中心粗糙黑色，果面可见稍隆起的"鸟眼斑"，果实易脱落。

发病规律

番茄溃疡病由细菌引起，带病种子、种苗以及病果是病害远距离传播的主要途径。该病菌喜欢在冷凉潮湿的环境中侵染番茄，高湿、低温（18~24℃）适于病害发展，高温时病害就会停止发展。温暖潮湿的气候适于病害发生，偏碱性的土壤适于病害发生。

防治措施

加强检疫：严防疫区的种子、种苗或病果传入无病区。

农业防治：收获后清洁田园，清除病残体，并带出田外深埋或烧毁；与非茄科蔬菜实行 3 年以上的轮作，以减少田间病菌数量。及时拔除病株，带出田外集中销毁。

物理防治：引进商品种子在播前要做好种子消毒处理，可用 55℃ 温汤浸种 25 分钟后移入冷水中冷却，捞出晾干后催芽播种；并用铜制剂对周围土壤进行处理。

化学防治：拔除病株后，用铜制剂及时对病株土壤进行处理；发病初期可选用 47% 春雷·王铜（加瑞农）可湿性粉剂 800 倍液或 77% 氢氧化铜（可杀得）可湿性粉剂 500 倍液叶面喷施，并灌根，每株灌药液 250 毫升，每 5~7 天一次，连续使用 3 次。

番茄溃疡病病茎
（图片来源：北京市延庆区植物保护站）

番茄溃疡病病叶
（图片来源：北京市延庆区植物保护站）

番茄日灼病

症状识别

　　番茄幼果和成熟果实均可受害。向阳面被太阳照射灼伤，初期褪绿，随后病部果肉逐渐失水变薄，形成有光泽近似透明的革质状，继而病部扩大，稍凹陷，组织坏死变硬、破裂，病部易受杂菌污染，生长黑色或粉色霉层，甚至腐烂。

发病规律

　　番茄日灼病是一种生理性病害。主要因为叶片遮阴不好，果实受强烈阳光直射，水分大量蒸发，使果面局部温度升高而烧伤。通常，果实的向阳面与背阴面温差越大发病越重。春茬番茄，果实膨大和收获期正值盛夏和初秋，如土壤缺水、叶片遮阴不好、天气持续干热，或雨、雾后暴晴暴热，易致此病。

防治措施

　　农业防治：合理密植；露地栽培，注意与高秆作物间作；增施磷肥、钾肥，促使果实发育。

　　物理防治：设施栽培采用遮阳网进行遮阴，可减少病害发生。

番茄日灼病早期症状
（图片来源：北京市密云区植保植检站）

番茄日灼病后期症状
（图片来源：北京市密云区植保植检站）

番茄晚疫病

症状识别

主要为害叶、茎和果实。叶片染病，多从叶尖、叶缘开始，初为暗绿色水渍状不规则病斑，后转为褐色。高湿时，叶背病健交界处长出白霉，整个叶腐烂。茎秆染病，产生长条状暗褐色凹陷条斑，可使茎变细并呈黑褐色，最终导致植株萎蔫或倒伏，高湿条件下病部会产生白色霉层。果实染病首先发生在青果上，病斑初呈油渍状暗绿色，后变为暗褐色或棕褐色，不规则云纹状，稍凹陷，边缘明显，果实一般不变软，湿度大时可产生少量白霉，迅速腐烂。

发病规律

该病由真菌引起。病菌随病残体在土壤中越冬，借气流、风雨、灌溉传播，由气孔和表皮直接侵入，番茄染病后形成中心病株，条件适合可迅速蔓延。低温、高湿有利发病，适温 18~26℃，相对湿度 85%以上适于发病。降雨早、雨日多、雨量大、降雨持续时间长有利于发生和流行。多年连作、密度过大、偏施氮肥、浇水过多或浇后遇阴雨天、保护地放风不及时等均可诱发及加重发生。

番茄晚疫病病叶

（图片来源：北京市延庆区植物保护站）

防治措施

农业防治：加强栽培管理，以增温、排湿为目标，采用滴灌、膜下暗灌，降低湿度；及时清除病叶、病果，带出田外集中销毁，防止病害蔓延。

化学防治：田间发现中心病株后及时清除病部，在周围 3~5 米立即喷药，可选用 50% 烯酰吗啉可湿性粉剂 1 500 倍液、35% 精甲霜灵乳剂 1 000 倍液、64% 噁霜·锰锌（杀毒矾）可湿性粉剂 400~500 倍液、69% 安克锰锌可湿性粉剂 600 倍液或 72.2% 霜霉威盐酸盐（普力克）800 倍液，每隔 3~5 天喷一次，连喷 2~3 次，封锁发病中心。如果病害继续扩展，可选用上述药剂全田喷施，5~7 天一次，连喷 3~4 次。

番茄晚疫病病果

（图片来源：北京市顺义区植保植检站）

番茄晚疫病病株

（图片来源：北京市顺义区植保植检站）

番茄叶霉病

番茄叶霉病病叶
（图片来源：北京市延庆区植物保护站）

番茄叶霉病病叶
（图片来源：北京市延庆区植物保护站）

番茄叶霉病病株
（图片来源：北京市延庆区植物保护站）

症状识别

主要为害叶片，发病初期，叶片正面先出现浅黄色褪绿斑，叶背面灰白色，随后霉层变为灰褐至黑褐色；湿度大时，叶片表面病斑可长出黑霉。通常下部叶片先发病，逐渐向上蔓延，发病严重时霉层布满叶背，叶片卷曲，整株叶片呈黄褐色干枯。

发病规律

番茄叶霉病由真菌引起。病菌主要附着在病残体或种子表皮内越冬，借气流传播。病菌发育的最适温度为 20~25℃，相对湿度 80% 以上有利于病斑扩展。一般通风不良、种植过密、多雨高湿的条件易于发病。

防治措施

农业防治：优先选用抗病品种；采用滴灌或暗灌，合理放风，降低温室内湿度和叶面结露时间；及时整枝打杈，摘除老叶，加强通风透光。

生物防治：发病初期可用 2% 武夷菌素水剂（BO-10）150 倍液，每隔 7~10 天喷一次，共喷 3~5 次。

化学防治：发病初期喷药防治，药剂可用 40% 氟硅唑（福星）4 000~6 000 倍液或 10% 苯醚甲环唑（世高）水分散粒剂 1 500 倍液，每隔 7~10 天喷一次，共喷 3~5 次。

番茄早疫病

症状识别

番茄早疫病主要为害叶片、花、茎和果实，典型特征是病斑黑色，具有同心轮纹，边缘具有黄色晕圈。叶片受害后，开始是针尖大小的小黑点，中后期呈圆形或不规则形的褐色病斑，边缘多具浅绿色或黄色的晕环，中部呈同心轮纹，潮湿时病斑上长出黑色霉层；茎部得病，在分杈处产生深褐色不规则圆形或椭圆形病斑，表面生灰黑色霉状物；青果染病，开始是在花萼附近出现椭圆形或不定形褐色或黑色斑，直径10~20毫米，后期果实开裂，病部较硬，长有黑色霉层。

发病规律

番茄早疫病由真菌引起。病菌主要通过气流、微风、雨水传染到寄主上，通过气孔、伤口或者从表皮直接侵入。温度偏高、湿度偏大易于发病。侵入寄主后，2~3天就可形成病斑，病害可以在番茄生长期多次侵染。

防治措施

农业防治：轮作倒茬，番茄应实行与非茄科作物3年轮作制；加强田间管理，要实行高垄栽培，合理施肥，定植缓苗后要及时封垄，促进新根发生。温室内要控制好温度和湿度，加强通风透光管理；结果期要定期摘除下部病叶，深埋或烧毁，以减少传病的机会。

化学防治：发病初期可选用10%多抗霉素1 500倍液、50%异菌脲（扑海因）400倍液、10%苯醚甲环唑水分散粒剂67~100克/亩或70%代森锰锌800倍液。每7天喷雾一次，连续3次，交替用药，以免产生抗药性。

番茄早疫病病叶
（图片来源：北京市延庆区植物保护站）

番茄早疫病病茎及病果
（图片来源：李兴红）

甘蓝黑腐病

症状识别

黑腐病是甘蓝上的主要病害，主要为害叶片，病菌从叶边的水孔或叶片上的伤口侵入，形成"V"字形或不定形黄褐色病斑，病斑边缘常具有黄色晕圈。叶片腐烂时不发臭，可区别于软腐病。

发病规律

甘蓝黑腐病由细菌引起。病菌耐干燥，可在土壤中存活1年以上。生长发育温度为5~39℃，适宜温度为25~30℃。生长期主要通过浇水、风、雨、农事操作进行传播蔓延，种子也可带菌传播。高温多雨、空气潮湿、叶面多露、叶缘吐水和害虫造成的伤口多，易于发病，此外，植株肥水管理不当，植株长势弱，害虫防治不及时，或暴风雨天气多，田间积水，病害发生严重。

防治措施

农业防治：合理轮作，与非十字花科蔬菜轮作2~3年；加强栽培管理，适时播种，避免过旱过涝，及时防治害虫，减少害虫伤口，收获后清洁田园。

化学防治：发病初期及时用72%农用链霉素1 500倍液、30%噻菌铜1 000倍液、47%春雷·王铜（加瑞农）可湿性粉剂400倍液或58.3%氢氧化铜（可杀得2 000干悬浮剂）600倍液，每隔5~7天喷药一次，连续3~4次。

甘蓝黑腐病病叶

（图片来源：北京市延庆区植物保护站）

甘蓝黑腐病病叶

（图片来源：北京市延庆区植物保护站）

甘蓝枯萎病

症状识别

甘蓝枯萎病为害全株，植株受害后，由心叶开始变黄，随着病害发展，全株叶片变黄，发病严重的，下部叶片脱落，植株停止生长，畸形、萎蔫直至死亡。横切发病植株的叶脉、叶柄和短缩茎，可以发现维管束明显变褐，甚至变黑，须根变少。

甘蓝枯萎病病株

（图片来源：北京市延庆区植物保护站）

发病规律

甘蓝枯萎病由真菌引起，病菌在10~30℃均能生长，最适温度为24~28℃，甘蓝枯萎病的发生与土壤温度有很大关系，当土壤温度高于22~24℃时，气温相对较高，寄主条件适合的情况下，易于病害发生。甘蓝枯萎病是一种典型的土传病害，主要是人为传播，农机具、浇水等也可传播，平畦栽培、大水漫灌、田间积水的地块发病严重。

甘蓝枯萎病为害状（维管束）

（图片来源：北京市延庆区植物保护站）

防治措施

实行轮作，与非十字花科蔬菜实行5年以上轮作。选用抗病品种，如希望、好彩、总统、铁球58、铁球60等。春甘蓝要适时早播种，避开高温季节；秋甘蓝育苗时要选无病土育苗。耕地时要对农机具进行消毒处理，平整土地，避免田间积水。起垄栽培，不要平畦栽培，最好用喷灌或滴灌，不要大水漫灌，雨后要及时排水，不要积水。

甘蓝枯萎病为害状

（图片来源：北京市延庆区植物保护站）

黄瓜靶斑病（棒孢叶斑病）

症状识别

黄瓜靶斑病又称"黄点子病"，起初为黄色水浸状斑点，直径约1毫米左右。发病中期病斑扩大为圆形或不规则形，易穿孔，叶正面病斑粗糙不平，病斑褐色，中央灰白色、半透明。后期病斑直径可达10~15毫米，病斑中央有一明显的眼状靶心，湿度大时病斑上可生有稀疏灰黑色霉状物，呈环状。

黄瓜靶斑病与细菌性角斑病的区别：靶斑病病斑，叶两面色泽相近，湿度大时上生灰黑色霉状物；而细菌性角斑病叶背面有白色菌脓，清晰可辨，两面均无霉层。

黄瓜靶斑病与霜霉病的区别：靶斑病病斑枯死，病健交界处明显，并且病斑粗糙不平；而霜霉病病斑叶片正面褪绿、发黄，病斑受叶脉限制呈多角形。

黄瓜靶斑病病叶正面
（图片来源：北京市植物保护站）

发病规律

该病是真菌病害，温暖、高湿易于发病。病菌借气流或雨水飞溅传播，侵入后潜育期一般6~7天，高湿或通风透气不良等条件下易发病。25~27℃、饱和湿度、昼夜温差大等条件下发病重。

防治措施

农业防治：加强管理，适时中耕除草，浇水追肥，同时放风排湿，改善通风透气性能，摘除中下部病斑较多的病叶，减少病原菌数量。

化学防治：可选用50%啶酰菌胺800~1 200倍液或42.8%氟菌·肟菌酯。

黄瓜白粉病

症状识别

　　此病全生育期都可以发生，发病初期在叶面产生白色近圆形的小粉斑，随后向四周扩散形成边缘不明显的连片白粉，严重时叶片上布满白粉。发病后期，白色粉层逐渐消失，病部呈灰褐色，病叶枯黄坏死。白粉病有时也侵染叶柄和嫩茎，发病部位有白粉状物。

发病规律

　　白粉病是由真菌引起，病菌最适宜发病温度为16~25℃，相对湿度达25%以上，分生孢子就能萌发，但高湿可抑制病害发生。春季、秋季易发病。栽培管理措施不当，通风透光不好，棚室过干易于病害流行。

防治措施

　　农业防治：选用抗病品种，津研2号、津研4号、津研6号等；加强栽培管理，增施磷钾肥，以提高植株的抗病力；棚室消毒。

　　生物防治：发病前期和初期可用生物杀菌剂枯草芽孢杆菌（1 000亿孢子/克）48~72克/亩、寡雄腐霉8 000倍液进行喷雾防治。

　　化学防治：可用硫黄熏棚，每亩日光温室用硫黄粉2~3千克拌锯末，在日光温室内均匀分布10个点，分堆点燃，然后密闭棚室1~2天；可选用25%吡唑嘧菌酯乳油2 500倍液、75%肟菌·戊唑醇（拿敌稳）水分散粒剂15克/亩、42.8%氟菌·肟菌酯10克/亩或10%苯醚甲环唑（世高）水分散粒剂83克/亩，每隔5~7天喷一次，注意轮换用药。

黄瓜白粉病病叶
（图片来源：北京市植物保护站）

黄瓜白粉病病叶
（图片来源：北京市延庆区植物保护站）

黄瓜病毒病

症状识别

黄瓜病毒病主要为害叶片和瓜。一般出现深绿与淡绿相间的花叶，同时有不同程度的皱缩、畸形、凹凸不平。主要表现有 4 种类型。

花叶型：成株期感病，新叶为黄绿相间的花叶，病叶小，皱缩，严重时叶反卷变硬发脆，常有角形坏死斑，簇生小叶。病果表面出现深浅绿色镶嵌的斑驳，凹凸不平或畸形，停止生长，严重时病株节间缩短，不结瓜，萎缩枯死。

皱缩型：新叶沿叶脉出现浓绿色隆起皱纹，叶小，出现蕨叶、裂片；有时沿叶脉出现坏死。果面产生斑驳，或凹凸不平的瘤状物，果实变形，严重时病株枯死。

黄瓜病毒病病叶

（图片来源：北京市顺义区植保植检站）

黄瓜病毒病
（图片来源：北京市顺义区植保植检站）

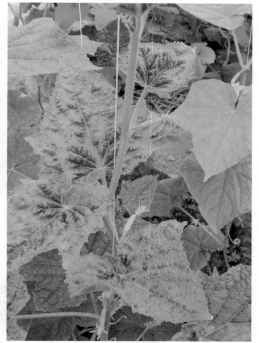

黄瓜病毒病
（图片来源：北京市顺义区植保植检站）

绿斑型：新叶产生黄色小斑点，以后变淡黄色斑纹，绿色部分呈隆起瘤状。果实上生浓绿色斑和隆起瘤状物，多为畸形瓜。

黄化型病毒病：中上部叶片在叶脉间出现褪绿色小斑点，后发展成淡黄色，或全叶变鲜黄色，叶片硬化，向背面卷曲，叶脉仍保持绿色。

发病规律

黄瓜病毒病主要由黄瓜花叶病毒、烟草花叶病毒和南瓜花叶病毒侵染所致。病毒主要通过种子、汁液摩擦、传毒媒介昆虫及田间农事操作传播。高温少雨，蚜虫、温室白粉虱、蓟马等传毒媒介昆虫大发生的年份发病重。

防治措施

农业防治：控制氮肥，增施磷钾肥，保持通风透气，提高植株抗病力。

物理防治：利用防虫网、黄板阻断诱杀蚜虫等传毒媒介。

化学防治：发病初期可选用20%吗啉胍乙酮500倍液提高抗病能力，防治蚜虫等传毒媒介可选用20%啶虫脒5 000倍液或50%吡蚜酮4 000倍液喷雾。

黄瓜猝倒病

症状识别

出苗后染病，幼苗茎基部或中部呈水浸状软腐，后变成黄褐色或暗绿色缢缩坏死，通常子叶尚未凋萎，幼苗即猝倒，致幼苗贴伏地面，有时瓜苗出土胚轴和子叶已普遍腐烂，变褐枯死。严重时病苗迅速向四周扩散，引起成片倒苗。湿度大时，病株附近长出白色棉絮状物。

发病规律

黄瓜猝倒病由真菌引起。低温、高湿易于发病，苗床通风不良、光照不足、湿度偏大，不利于幼苗根系的生长和发育，易诱导猝倒病发生。该病主要在幼苗长出 1~2 片真叶时发生，3 片真叶后，发病较少。

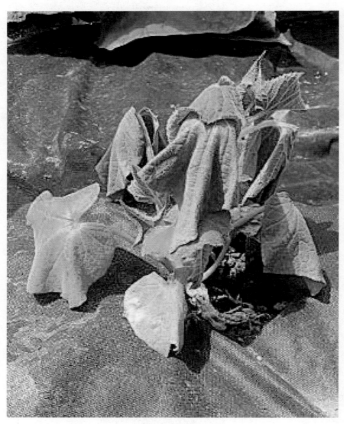

黄瓜猝倒病
（图片来源：Phil Taylor）

防治措施

农业防治： 采用营养钵、穴盘等育苗。苗土选用无病新土或基质；及时放风、降湿，阴天也要适时适量放风排湿，严防瓜苗徒长染病；有条件的可在冬季育苗时加温。

化学防治： 于发病初期使用 25% 吡唑嘧菌酯乳油 2 500 倍液、72.2% 霜霉威盐酸盐（普力克）400 倍液、64% 恶霜锰锌可湿性粉剂 600 倍液或 72% 霜脲锰锌可湿性粉剂 600 倍液，每隔 7~10 天喷雾一次。

黄瓜低温障碍

症状识别

叶片受到轻微冻害时叶缘失绿，有镶白边的现象，温度恢复后，不会影响生长；当遭到寒流突然袭击，嫩叶呈水渍状，不能恢复正常，中部叶片叶脉呈黄褐色水渍状，以后形成掌状黄脉，叶片常出现水浸状泡斑，甚至连片。

黄瓜低温障碍正面为害状
（图片来源：北京市密云区植物保护站）

发病规律

黄瓜低温障碍是生理性病害。在秋末冬初、有霜冻的夜晚或早春遭遇连阴天，棚内温度短时间低于6℃以下时易造成该病发生。

防治措施

根据生育期确定低温保苗措施，避开寒冷天气移栽定植。选择晴天定植，霜冻前浇小水，或采用熏烟及临时供暖，预防冻害。在受到冻害以后，不要加大升温的速度或不要急于升温。建议加强保温保暖，在低于10℃的情况下进行加温。

黄瓜低温障碍病株
（图片来源：北京市植物保护站）

黄瓜黑星病

症状识别

黄瓜整个生育期均可感染黑星病，主要为害叶片、瓜条、茎、叶柄、卷须和新稍生长点，以幼嫩部位如嫩叶、嫩茎、幼果被害严重，而老叶和老瓜发病较轻。叶片染病，初为污绿色近圆形斑点，穿孔后，边缘不整齐略皱，有黄色晕圈；瓜条染病，初流胶，逐渐扩大为暗绿色凹陷斑，呈疮痂状，形成畸形瓜。

黄瓜黑星病病叶
（图片来源：北京市延庆区植物保护站）

黄瓜黑星病病叶
（图片来源：北京市延庆区植物保护站）

发病规律

病原菌可以在土壤中越冬，也可在种子表面或种皮内越冬。播种带菌种子，病原菌可直接侵染幼苗。越冬的病残体上产生的分生孢子，可侵染定植的瓜苗，借气流、雨水和农事操作传播，进行再侵染。黄瓜黑星病属于低温高湿类型病害，20~22℃，相对湿度93%以上且有水滴存在，发病严重。多年连作的田块发病较重，前期长势弱易发病且发病重，定植过密，通风透光不良，导致湿度大，易于发病。

防治措施

农业防治： 加强植物检疫，禁止病原菌随作物种子或种苗传播蔓延。清洁田园，及时清除黄瓜病残体，集中销毁，深翻土地，消灭初侵染源；加强田间管理，合理密植，采取地膜覆盖及滴灌技术，及时放风，以降低棚内湿度，缩短叶片表面结露时间，可以控制黑星病的发生。

化学防治： 化学防治采用种子处理和植株喷雾相结合。种子处理可用75%百菌清800倍液浸种20分钟后水洗，或用75%百菌清按种子重量的0.3%拌种。叶面喷施可用12.5%腈菌唑乳油2 500倍液、40%氟硅唑乳油8 000倍液或25%嘧菌酯悬浮剂1 000倍液。

黄瓜黑星病病瓜
（图片来源：北京市延庆区植物保护站）

黄瓜灰霉病

症状识别

黄瓜灰霉病是冬春季日光温室黄瓜最重要的病害之一，成株期发病，主要为害果实，也可为害花、叶片和茎。果实发病开始果皮呈灰白色水渍状，变软、腐烂，出现大量的灰色霉层。如病花、病果贴近叶片和茎上，则引起叶片和茎发病。叶片病斑呈"V"字形，有轮纹，后期也生灰色霉层。茎主要在节上发病，病部密生灰色霉层，当病斑绕茎一圈后，茎蔓折周，其上部萎蔫，整株死亡。

发病规律

黄瓜灰霉病由真菌引起。病原菌以菌核和菌丝体在病残体上和土壤中越冬，靠风雨及农事操作传播。黄瓜结瓜期是病菌侵染和发病的高峰期。相对湿度94%以上、18~23℃、光照不足、植株长势弱时容易发病；气温超过30℃，相对湿度不足90%时，停止蔓延。因此，此病多在冬季、春季低温寡照的温室内发生。

黄瓜灰霉病
（图片来源：北京市大兴区植保植检站）

防治措施

农业防治：进行高畦覆膜栽培；生长期及时摘除病花、病瓜和病叶，装在塑料袋内带出田外深埋或烧毁。避免大水漫灌，阴天不浇水，防止湿度过高。清除保护地薄膜表面尘土，增强光照，合理放风。

生物防治：1×10^6 孢子 / 克的寡雄腐霉可湿性粉剂7 000倍液，或10%多抗霉素可湿性粉剂600倍液，每7~10天喷洒一次，连续喷2~3次。

黄瓜灰霉病
（图片来源：北京市大兴区植保植检站）

化学防治：发病初期，可选50%腐霉利可湿性粉剂1 000倍液、50%咯菌腈可湿性粉剂5 000倍液或40%嘧霉胺悬浮剂800~1 000倍液，每7~10天喷洒一次，连续喷2~3次。低温阴雨天气可用45%百菌清烟雾剂或10%腐霉利烟雾剂熏烟防治，每亩250~350克。隔6~7天再熏一次。还可用5%百菌清粉尘剂喷粉防治，每亩1千克，7天喷一次。

黄瓜灰霉病
（图片来源：北京市大兴区植保植检站）

黄瓜菌核病

症状识别

黄瓜菌核病主要为害茎秆、果实。果实染病后初为水渍状腐烂,表面长出白色霉层,后期长出黑色鼠粪状菌核。该病的发生与灰霉病类似,从老的花瓣、水分易积存的部位发生。

发病规律

黄瓜菌核病由真菌引起,病菌主要以菌核在土壤中越冬,种子、气流、雨水和灌溉水、农事操作等也造成病菌传播。当田间温度15~20℃、相对湿度85%以上有利于发病。北京地区冬季保护地发病重,重茬地易发病。

黄瓜菌核病
(图片来源:北京市大兴区植保植检站)

黄瓜菌核病
(图片来源:北京市大兴区植保植检站)

黄瓜菌核病
(图片来源:北京市大兴区植保植检站)

防治措施

农业防治:及时清除田间病残体;重病棚室,换茬期进行高温土壤处理;与禾本科及葱蒜类蔬菜隔年轮作。

物理防治:实行高畦栽培,合理密植;控制保护地栽培棚内温湿度,及时放风排湿,尤其要防止夜间棚内湿度迅速升高,这是防治本病的关键措施。注意合理控制浇水量和施肥量,浇水时间放在上午,并及时放风,以降低棚内湿度。特别在春季寒流来临前,及时加盖小拱棚塑料薄膜,并在棚室四周盖草帘,防止植株受冻。

生物防治:苗期可喷洒1×10^6孢子/克寡雄腐霉可湿性粉剂3 000倍液,定植前叶面喷雾2~3次。

化学防治:移栽前可喷洒嘧菌酯进行诱抗处理,不移栽病弱苗;也可进行土壤消毒,每平方米用50%多菌灵可湿性粉剂10克,与干细土1千克拌匀后撒施,消灭菌源;及时清除发病中心;可选用50%咪鲜胺可湿性粉剂1 500倍液或50%腐霉利可湿性粉剂1 000倍液,每隔7~10天喷一次,连喷3~4次,重病田视病情发展,必要时应增加喷药次数。

黄瓜枯萎病

症状识别

黄瓜枯萎病是黄瓜上一种常见的病害，造成整株萎蔫，发病初期茎基部一侧出现浅褐色长条状凹陷病斑，湿度大时病斑上出现粉红色霉层，剖开茎部维管束变褐。病株在田间的分布呈点片状。线虫病害造成的萎蔫通常叶片发黄，拔出根部有大量的根瘤状物。

发病规律

黄瓜枯萎病由真菌引起，为土传病害，种子带菌可以造成远距离传播。病菌由根部伤口侵入。病原菌在土壤中可以存活 3 年以上，随田间耕作和灌水传播。地下害虫等有害生物造成的根部伤口可以加重病害的发生。

防治措施

农业防治：加强栽培管理；与非瓜类作物轮作，最好 3 年以上；嫁接栽培，利用抗性砧木嫁接换根是防治黄瓜枯萎病最有效的措施，抗性砧木可选用"京欣砧"白籽南瓜、黑籽南瓜等。

物理防治：拔除病株，土壤局部消毒。田间出现少量病株时，可拔除病株，对病株的土壤及周边土壤采用生石灰或多菌灵等消毒。

化学防治：种子处理，25% 多菌灵可湿性粉剂，按种子重量的 1% 拌种；药剂灌根，用 50% 的多菌灵可湿性粉剂 500 倍液或 50% 的甲基托布津 400 倍液。

黄瓜枯萎病
（图片来源：李兴红）

黄瓜枯萎病
（图片来源：李兴红）

黄瓜霜霉病

症状识别

黄瓜霜霉病主要为害叶片。叶片染病后，叶背面出现水渍状病斑，病斑扩大受叶脉限制，呈多角形，淡黄褐色或黄褐色，通常叶背面长出灰黑色霉层，严重时病斑连成片导致干枯，影响产量。

发病规律

黄瓜霜霉病由真菌引起，属于高湿病害，最适宜发病温度为 16~24℃，低于 10℃或高于 28℃，较难发病，低于 5℃或高于 30℃，基本不发病。

防治措施

农业防治：优先选用抗病品种；合理施肥，保护地采用滴灌、膜下暗灌技术；上午 9 时后室内温度上升加速，此时关闭通风口，使棚室内温度快速提升至 34℃，并将室内温度维持在 33~34℃，以高温降低室内空气湿度，抑制该病发生；收获后彻底清除病株残体，带出田外深埋。

生物防治：发病前或发病初期，用寡雄腐霉 20 克/亩进行预防和防治。

化学防治：发病初期选用 25% 吡唑嘧菌酯乳油 2 500 倍液、50% 烯酰吗啉可湿性粉剂 1 500 倍液、72.2% 普力克水剂 800 倍液或 72% 霜脲锰锌可湿性粉剂 800 倍液喷雾防治，每 5~7 天一次，连续 3 次。

黄瓜霜霉病病叶正面
（图片来源：北京市延庆区植物保护站）

黄瓜霜霉病病叶背面
（图片来源：北京市延庆区植物保护站）

黄瓜炭疽病

症状识别

黄瓜炭疽病在黄瓜整个生育期均可发病，但在中后期发病较重。幼苗发病，发病初期，可在叶部形成淡黄色小斑，边缘灰褐色；茎蔓与叶柄染病，病斑椭圆形或长圆形，黄褐色，稍凹陷，严重时病斑连接，绕茎一周，植株枯死。进入成熟期后，主要为害叶片，从下部叶片开始逐渐向上蔓延，初期在叶片上形成近圆形病斑，大小不一，逐渐发展成黄褐色，边缘有黄色晕圈，严重时病斑连片形成不规则的大病斑，病斑上常散生黑色小点，湿度大时出现粉红色黏液，湿度小时病斑易穿孔。瓜条染病，病斑近圆形，初为淡绿色，后成黄褐色，病斑稍凹陷，表面有粉红色黏液。

黄瓜炭疽病病叶
（图片来源：北京市延庆区植物保护站）

发病规律

黄瓜炭疽病是真菌性病害，病原菌在病残体和种子上越冬，借雨水和风传播蔓延，也可通过农事操作传播。田间发病适温为 20~27℃，适宜相对湿度为 87~98%。相对湿度低于 54% 时，炭疽病不易发生。棚室通风不良、闷热、早晨叶片结露最易侵染；植株衰弱、田间积水过多、氮肥施用过多等都适于该病发生。

黄瓜炭疽病病叶
（图片来源：北京市延庆区植物保护站）

防治措施

农业防治：选用抗病品种，如津研 4 号、早青 2 号、中农 1101、夏丰 1 号；加强种子处理，选用无病种子；与麦类、玉米等大田作物实行 2~3 年轮作；合理密植，及时通风，控制棚室内的相对湿度不超过 70%，减少叶面结露和吐水；避免田间积水；增施磷钾肥以提高植株抗病力。

化学防治：在发病初期可选用 50% 甲基托布津可湿性粉剂 700 倍液、10% 苯醚甲环唑水分散粒剂 1 500 倍液、50% 咪鲜胺可湿性粉剂 1 500 倍液或 25% 嘧菌酯悬浮剂 2 000 倍液进行叶面喷雾，每 7 天一次，连续 3 次，轮换用药避免产生抗药性。

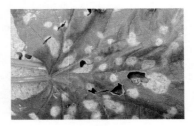

黄瓜炭疽病病叶
（图片来源：北京市延庆区植物保护站）

黄瓜细菌性角斑病

症状识别

主要为害叶片、叶柄和果实，子叶发病，初呈水浸状近圆形凹陷斑，后微带黄褐色干枯；成株期叶片发病，初为鲜绿色水浸状斑，渐变淡褐色，病斑受叶脉限制呈多角形，灰褐或黄褐色，严重的纵向开裂呈水浸状腐烂，变褐干枯，表层残留白痕。瓜条发病，出现水浸状小斑点，扩展后不规则或连片，病部溢出大量污白色菌脓。角斑病易与霜霉病混淆。一般霜霉病叶片病斑背面有黑色或紫色霉层，病斑后期不穿孔，角斑病病斑溢出菌脓，穿孔，瓜条受害有臭味。

发病规律

黄瓜细菌性角斑病由细菌引起。病菌在种子内外、病残体上越冬，主要从叶片气孔、伤口、农事操作、雨水、昆虫等传播蔓延。发病适温 24~28℃，相对湿度 70% 以上、昼夜温差大、叶面有水膜时极易发病。

防治措施

农业防治：选用耐病品种；加强栽培防病，阴雨或高湿条件下避免农事操作，减少伤口侵染因素。

物理防治：种子处理，55℃温水浸种 30 分钟，捞出晾干后催芽播种。

化学防治：发病初期使用 47% 春雷·王铜（加瑞农）可湿性粉剂 400 倍液或 77% 氢氧化铜（可杀得）600~800 倍液喷雾防治，每隔 7 天喷一次，连续喷 2~3 次，铜制剂使用过多易引起药害，一般不超过 3 次，喷药须仔细喷到叶片正面和背面，可以提高防治效果。

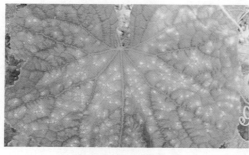

黄瓜细菌性角斑病病叶
（图片来源：北京市密云区植物保护站）

黄瓜细菌性角斑病病叶
（图片来源：北京市植物保护站）

豇豆白粉病

症状识别

豇豆白粉病主要为害叶片，产生白粉状斑，严重时白粉覆盖整个叶片，逐渐发黄、脱落。

发病规律

豇豆白粉病由真菌引起。植株受干旱影响，尤其是土壤缺水，会降低对白粉病的抗性。种植密度过大、田间通风透光状况不良，施氮肥过多、管理粗放等都易于白粉病发生。

防治措施

农业防治：搞好田间通风降湿和增加透光，天旱时要及时浇水防止植株因缺水降低抗性；开花结荚后及时追肥，但勿过量施氮肥，可适当增施磷钾肥，防止植株早衰。

生物防治：发病初期用2%农抗120，或2%武夷菌素200倍液，或哈茨木霉菌300倍液喷雾。

化学防治：发病始期可选喷40%氟硅唑6 000~8 000倍液、10%苯醚甲环唑900~1 500倍液或25%吡唑醚菌酯2 500倍液。

豇豆白粉病病叶
（图片来源：北京市延庆区植物保护站）

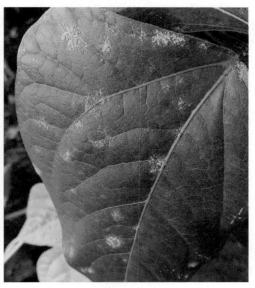
豇豆白粉病病叶
（图片来源：北京市延庆区植物保护站）

豇豆锈病

症状识别

　　豇豆锈病主要为害叶片，严重发生时也可为害叶柄、茎秆和豆荚。发病初期多在叶片背面形成黄白色小斑点，微隆起，扩大后形成红褐色疱斑，具有黄色晕圈，疱斑破裂后散放出红褐色粉状物，叶片正面的病斑褪绿。植株生长后期，病部产生黑色疱斑，含有黑色粉状物。豆荚染病与叶片症状相似，病荚所结籽粒干瘪。

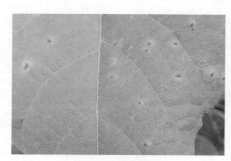

豇豆锈病
（图片来源：北京市延庆区植物保护站）

豇豆锈病
（图片来源：北京市延庆区植物保护站）

豇豆锈病
（图片来源：北京市延庆区植物保护站）

发病规律

　　豇豆锈病由真菌引起，病菌随病残体在土壤中越冬。病菌喜温暖高湿环境，发病最适温度 23~27℃、相对湿度 95% 以上，寄主表面的水滴，是锈菌萌发和侵入的必要条件；豇豆感病生育期在开花结荚至采收中后期。高温、多雨、潮湿的天气，尤其是早晚露水重雾大有利于锈病发生。土质黏重、低洼和排水不良，种植过密、通风不良，以及过量施用氮肥，都易于发病，品种间抗病性有差异。

防治措施

　　农业防治：选用抗病品种，实行轮作栽培，春秋茬豆地要隔离，收获后立即清洁田园，清除并销毁病残体，减少病菌来源；加强栽培管理，调整好播种期，使收获期避开雨季、清沟。

　　化学防治：在发病初期选用 25% 粉锈宁可湿性粉剂 2 000 倍液喷雾，15 天左右喷雾一次，连喷 2~3 次；或用 10% 苯醚甲环唑水分散粒剂 1 500 倍液、50% 萎锈灵乳油 800 倍液或 50% 多菌灵可湿性粉剂 500 倍液喷施，7~10 天一次，连喷 2~3 次。

韭菜灰霉病

症状识别

　　韭菜灰霉病俗称"白点"病，主要为害叶片，初在叶面产生白色至淡灰色斑点，随后扩大为椭圆形或梭形，后期病斑常相互联合产生大片枯死斑，使半叶或全叶枯死。湿度大时病部表面密生灰褐色霉层，有的从叶尖向下发展，形成枯叶，还可在割刀口处向下呈水渍状淡褐色腐烂，表面生灰褐色霉层，引起整簇溃烂，严重时成片枯死。

发病规律

　　韭菜灰霉病由真菌引起。发病最适气候条件为 15~21℃，相对湿度 80% 以上。冷凉、高湿环境、种植密度大、偏施氮肥发病重。

防治措施

　　农业防治：施足腐熟有机肥，增施磷钾肥，提高作物抗病性；清除病残体，每次收割后要把病株清除出田外深埋或烧毁，减少菌源。适时通风降湿是防治该病的关键，通风量要根据韭菜的长势确定，刚割过的韭菜或外界温度低时，通风量要小或延迟通风，严防扫地风。

　　生物防治：发病初期喷洒 3 亿菌落形成单位 / 克的哈茨木霉菌可湿性粉剂 300 倍液。

　　化学防治：可选用的药剂有 50% 腐霉利可湿性粉剂 1 000~1 500 倍液、40% 嘧霉胺悬浮剂 1 000~1 500 倍液或 50% 啶酰菌胺 800~1 200 倍液。注意轮换用药。

韭菜灰霉病
（图片来源：北京市植物保护站）

韭菜灰霉病
（图片来源：北京市植物保护站）

韭菜锈病

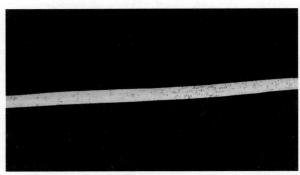

韭菜锈病
（图片来源：李兴红）

韭菜锈病
（图片来源：李兴红）

韭菜锈病
（图片来源：李兴红）

症状识别

发病初期在表皮上产生隆起的橙黄色小疱斑，病斑周围常有黄色晕环，以后扩展为较大疱斑，散出橙黄色的粉状物，叶片两面均可染病，后期叶及花茎上出现黑色小疱斑，病情严重时，病斑布满整个叶片，失去食用价值。

发病规律

韭菜锈病是真菌性病害，主要借助气流传播。温暖而多湿的天气易于侵染发病，尤其毛毛雨或露多雾大天气时较易流行。品种抗病性差，偏施氮肥过多，种植过密和钾肥不足时发病重。地势低洼、排水不良易发病。

防治措施

农业防治：选用抗病品种，如北京的白根、北京大青苗等优良品种；合理轮作、合理密植；做到通风透光良好，雨后及时排水，防止田间湿度过高。

化学防治：发病初期及时喷洒50%醚菌酯干悬浮剂2 000~4 000倍液、25%吡唑醚菌酯乳油2 000~3 000倍液或12.5%腈菌唑乳油1 000~2 000倍液。

辣椒病毒病

症状识别

辣椒病毒病是辣椒的最主要病害之一，对辣椒的为害极大，发生严重时，造成辣椒落花、落叶、落果，减产明显甚至绝收。常见症状有4种。①花叶型：病叶、病果出现不规则褪绿、浓绿与淡绿相间的斑驳，植株生长无明显异常，严重时病叶和病果畸形皱缩，植株生长缓慢或矮化，结果小。②黄化型：病叶变黄，严重时植株上部叶片全部变黄，形成上黄下绿，植株矮化并伴有明显的落叶。③坏死型：包括顶枯、斑驳坏死和条纹状坏死。顶枯指植株枝杈顶端幼嫩部分变褐坏死，而其余部分症状不明显；斑驳坏死可在叶片和果实上发生，病斑红褐色或深褐色，不规则形，有时穿孔或发展成黄褐色大斑，病斑周围有一深绿色的环，叶片迅速黄化脱落；条纹状坏死主要表现在枝条上，病斑红褐色，沿枝条上下扩展，得病部分落叶、落花、落果，严重时整株干枯。④畸形型：叶片畸形或丛簇型，开始时心叶叶脉褪绿，逐渐形成深浅不均的斑驳、叶面皱缩，随后病叶增厚，产生黄绿相间的斑驳或大的黄褐色坏死斑，叶缘

辣椒病毒病
（图片来源：北京市延庆区植物保护站）

辣椒病毒病
（图片来源：北京市延庆区植物保护站）

辣椒病毒病
（图片来源：北京市延庆区植物保护站）

向上卷曲，幼叶狭窄、严重时呈线状，后期植株上部节间短缩呈丛簇状，重病果果面有绿色不均的花斑和疣状突起。

发病规律

辣椒病毒病主要由黄瓜花叶病毒和烟草花叶病毒引起。黄瓜花叶病毒主要由蚜虫传播。烟草花叶病毒可在干燥的病株残枝内长期存活，也可由种子带毒，经由汁液接触传播。辣椒病毒病的发生与环境条件关系密切，通常高温干旱，阳光强烈，蚜虫为害严重时病毒为害也严重。多年连作，低洼地，缺肥或施用未腐熟的有肥，田间农事操作粗放，病株、健株混合管理，病毒病发生随之严重。

防治措施

农业防治：培育无毒种苗。加强田间管理，多施磷、钾肥，勿偏施氮肥。清洁田园，及时拔除病株带出田外集中销毁。该病多由蚜虫传播，故从苗期就要及时、连续防蚜，减少传染机会。采用遮阳网和防虫网，降低棚内湿度，并阻断蚜虫进入。选用抗病品种。一般早熟、有辣味的品种比晚熟、无辣味的品种抗病，如常种品种津椒 3号、甜杂 1 号、甜杂 2 号、农大 40、中椒 2 号和中椒 3 号。

生物防治：利用黄板诱杀蚜虫，每亩挂 20~30 块黄板，高度在作物上方 15~20 厘米处。

化学防治：在蚜虫发生期可选用 10% 吡虫啉可湿性粉剂 1 000 倍液，或 25% 噻虫嗪（阿克泰）水分散粒剂 1 500 倍液；在病害发生初期可选用 1% 香菇多糖水剂150~250 毫升 / 亩、2% 氨基寡糖素水剂 300~450 倍液或 10% 宁南霉素可湿性粉剂1 000 倍液叶面喷施，对病害有一定抑制作用。

辣椒白粉病

症状识别

此病仅为害叶片，病叶正面初生褪绿小黄点，随后扩展为边缘不明显的褪绿黄色病斑，叶片背面产生白色粉状物。严重时病斑连片，导致整叶变黄，病部组织变褐坏死。条件适宜时，短期内白粉迅速增加，覆满整个叶背，叶片卷曲，严重时叶片大量脱落形成光秆，影响产量。

发病规律

该病由真菌引起，以春季、秋季发病为主，秋季尤其严重。病菌从叶背气孔侵入，借助气流传播。稍干燥或干湿交替条件下，此病易于流行。

防治措施

农业防治：收获后，及时清洁田园；生长期加强保护地温湿度管理，适时浇水，避免棚室温度过低和空气干燥；及时摘除下部老叶、病叶，带出棚外集中销毁。

生物防治：发病初期用2%武夷菌素水剂200倍液喷雾防治，每隔7天一次，连续防治2~3次。

化学防治：定植前用硫黄或百菌清烟剂熏蒸进行棚室消毒；发病初期选用25%吡唑嘧菌酯乳油2500倍液、42.8%肟菌酯·氟吡菌酰胺（露娜森）1 500~3 000倍液、10%苯醚甲环唑（世高）水分散粒剂900~1 500倍液或40%氟硅唑（福星）乳油6 000~8 000倍液，每隔7天一次，连续防治2~3次。

辣椒白粉病病叶
（图片来源：北京市延庆区植物保护站）

辣椒白粉病病叶背面
（图片来源：北京市植物保护站）

辣椒白粉病病叶正面
（图片来源：北京市延庆区植物保护站）

辣椒疮痂病

症状识别

疮痂病是辣椒的主要病害之一，主要为害叶片和果实，有时也可为害茎和果柄。叶片受害，初期出现水浸状圆形或不规则形小斑点，黑绿色至黄褐色，边缘颜色深，中部颜色较淡略凹陷，有时有轮纹，病斑边缘有隆起呈疮痂状，发病严重引起叶片脱落。果实得病后，在果实表面形成圆形或长圆形黑色疮痂斑，稍隆起，边缘产生裂口。茎和果柄得病，产生水浸状不规则梭形条斑或斑块，暗褐色，隆起，后期木栓化，纵裂呈疮痂状。

发病规律

辣椒疮痂病由细菌引起，病菌在种子和植株病残体上越冬，从气孔或伤口侵入，所以植株伤口多，虫害重，病害发生严重。病菌发育的适宜温度为27~30℃，在高温多雨的6—7月，尤其在暴风雨过后，伤口增加，利于细菌的传播和侵染，是发病的高峰期。氮肥用量过多，磷钾肥不足，加重发病。种植过密，生长不良，容易发病。

防治措施

农业防治：与非茄果类蔬菜实行2~3年轮作。

生物防治：发病初期，选用3%中生菌素可湿性粉剂600倍液喷施，每7天一次，连续3次。

化学防治：发病初期，可选用47%春雷·王铜（加瑞农）可湿性粉剂500倍液、77%氢氧化铜（可杀得）可湿性粉剂400~500倍液或20%噻菌酮500倍液进行叶面喷施，每7天一次，连续3次。

辣椒疮痂病病叶
（图片来源：北京市延庆区植物保护站）

辣椒疮痂病病叶
（图片来源：北京市延庆区植物保护站）

辣椒 / 甜椒灰霉病

症状识别

辣椒 / 甜椒灰霉病主要为害果实和叶片。叶片受害一般从叶尖开始向内扩展呈典型"V"字形病斑，在发病部位产生大量灰色霉层；果实发病多从果蒂处开始，病部果皮呈灰白色水渍状软腐，病斑很快扩展至全果，在病部均可产生灰色霉层，严重时，形成黑色粒状菌核。

辣椒 / 甜椒灰霉病病果
（图片来源：北京市植物保护站）

发病规律

辣椒 / 甜椒灰霉病是真菌性病害，病菌以菌核遗留在土壤中，或以菌丝、分生孢子在病残体上越冬，在田间借助气流、雨水及农事操作传播蔓延。较喜低温、高湿、弱光条件，发生的适温 20~23℃，北京地区大棚栽培在 12 月至翌年 5 月为害。冬春低温、多阴雨天气、棚内相对湿度 90% 以上，灰霉病发生早且病情严重。排水不良、偏施氮肥田块易发病。

防治措施

农业防治： 加强通风，适当控制浇水，及时清除病残体。带出田外销毁。

化学防治： 发病初期可采用烟剂或喷雾等方法防治。10% 腐霉利烟剂 250 克 / 亩、35% 异菌·腐霉利悬浮剂 800~1 000 倍液、20% 异菌·百菌清悬浮剂 800~1 000 倍液、50% 扑海因可湿性粉剂 1 500 倍液、50% 腐霉利可湿性粉剂 1 000 倍液交替使用，每隔 5~7 天一次，连用 2~3 次。

辣椒青枯病

症状识别

发病初期，病株白天萎蔫，傍晚复原，病叶变浅，病株枯死后叶片仍保持绿色或稍淡，故称青枯病。横切病茎可见维管束变为褐色，用手挤压较嫩病茎，切面上维管束溢出白色菌液，这是青枯病与枯萎病和黄萎病相区别的重要特征。

发病规律

辣椒青枯病是一种细菌性土传病害，一般在成株期发病。病菌主要随病残体留在田间越冬，成为主要初侵染源。病菌主要通过雨水、灌溉水、农具、病果及带菌肥料传播，从根部或茎基部伤口侵入，造成导管堵塞导致叶片萎蔫。高温高湿易于发病，久雨或大雨后转晴、连作、排水不畅、通风不良、管理粗放的田块发病较重。

防治措施

农业防治：轮作；采用高畦栽培；加强管理，增施有机肥和磷钾肥，少施氮肥，适当喷施叶面肥，增强植株抗病力；清洁田园，拔除病株，带出棚外销毁，同时对病株及周边土壤进行消毒。

生物防治：发病初期可选用 3% 中生菌素可湿性粉剂 600 倍液叶面喷施，并以不低于 250 毫升 / 株灌根，每 5~7 天一次，连续 3 次。

化学防治：发病初期可选用 57.6% 氢氧化铜水分散粒剂 200~290 克 / 亩或 20% 噻菌铜悬浮剂 600 倍液叶面喷施，并以不低于 250 毫升 / 株灌根，每 5~7 天一次，连续 3 次。

辣椒青枯病
（图片来源：Phil Taylor）

辣椒青枯病
（图片来源：Phil Taylor）

辣椒 / 甜椒炭疽病

症状识别

辣椒 / 甜椒炭疽病主要为害果实和叶片。果实染病，形成褐色椭圆形或不规则形病斑，稍凹陷，斑面出现明显环纹状的黑色小点，天气潮湿时溢出淡粉色的黏稠物，天气干燥时，病部干缩易破裂。叶片染病多发生在中下部叶片上，产生近圆形的褐色病斑，病斑上有黑色小粒点，严重时可致落叶。

发病规律

辣椒炭疽病是真菌性病害。病菌以分生孢子附于种子表面或以菌丝潜伏在种子内越冬，也可通过雨水、气流传播侵染，高温高湿易于病害发生。

防治措施

农业防治：种植抗病品种；加强栽培管理，采用高畦深沟种植；合理密植，适当增施磷、钾肥，施足有机肥；清除病残体，收后播前翻晒土壤。

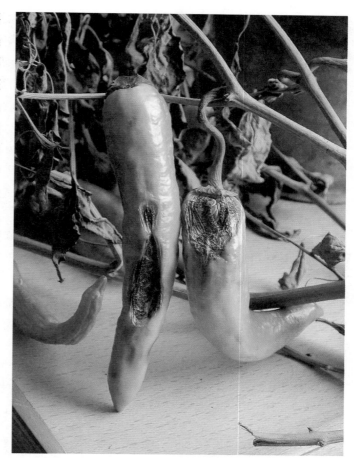

辣椒 / 甜椒炭疽病病果
（图片来源：北京市植物保护站）

化学防治：药剂浸种，用 50% 多菌灵可湿性粉剂 500 倍液浸种 1 小时，冲洗干净后催芽播种。发病初期可喷施 325 克 / 升苯甲·嘧菌酯悬浮剂 1 000~1 500 倍液或 70% 甲基硫菌灵可湿性粉剂 800~1 000 倍液。

辣椒疫病

症状识别

叶部染病，从叶边缘开始，产生暗绿色病斑，叶片软腐脱落；茎染病茎秆节间处或根基部呈黑褐色腐烂状，引起软腐或茎枝倒折，湿度大时病部可见白霉；花蕾被害迅速变褐脱落；果实发病，多从蒂部或果缝处开始，初为暗绿色水渍状不规则形病斑，很快扩展至整个果实，呈灰绿色，果肉软腐，病果失水干缩挂在枝上呈暗褐色僵果。

发病规律

辣椒疫病由真菌引起。病菌在土壤中或病残体中越冬，借风、浇水及其他农事活动传播。病菌适宜温度范围为 10~37℃，最适宜温度为 20~30℃。空气相对湿度达 90% 以上时发病迅速；重茬、低洼地、排水不良，氮肥使用偏多、密度过大、植株衰弱均有利于该病的发生和蔓延。

防治措施

农业防治：及时清洁田园，耕翻土地，采用菜粮或菜豆轮作，提倡垄作或选择坡地种植；加强田间管理，注意暴雨后及时排除积水，雨季应控制浇水，严防田间或棚室湿度过高。

化学防治：定植后发病前期，及时喷洒和浇灌 72.2% 霜霉威盐酸盐（普力克）水剂 800 倍液、72% 霜脲锰锌可湿性粉剂 600 倍液或 69% 代森锰锌·烯酰吗啉（安克锰锌）可湿粉剂 1 000 倍液。

辣椒疫病病果
（图片来源：北京市顺义区植保植检站）

辣椒疫病病株
（图片来源：北京市顺义区植保植检站）

辣椒叶霉病

症状识别

辣椒叶霉病主要为害叶片。一般由下部叶片开始发病，发病初期，叶面上出现浅黄色不规则形褪绿斑，叶背病部出现白色霉层，不久变为灰褐色至黑褐色绒状霉，随病情扩展，叶片由下向上逐渐变成花斑，严重时变黄干枯。

发病规律

辣椒叶霉病是真菌性病害。病菌主要以菌丝体和分生孢子随病残体遗留在地面越冬，通过风雨传播。温度20~25℃，相对湿度80%以上易于病害发生。一般通风不良、种植过密、多雨高湿的条件易于发病。

防治措施

农业防治：选用抗病品种；实行轮作；合理密植，加强管理；雨后及时排水，注意降低田间湿度；及时清除病残体，带出田外集中销毁。

生物防治：发病初期可用2%武夷菌素水剂（BO-10）150倍液，每隔7~10天喷一次，共喷3~5次。

化学防治：发病初期可用10%氟硅唑水乳剂1 500~2 000倍液、42.8%氟菌·肟菌酯悬浮剂30~45毫升/亩或40%腈菌唑可湿性粉剂1 500~2 000倍液。

辣椒叶霉病病果
（图片来源：李兴红）

辣椒叶霉病病果
（图片来源：李兴红）

萝卜霜霉病

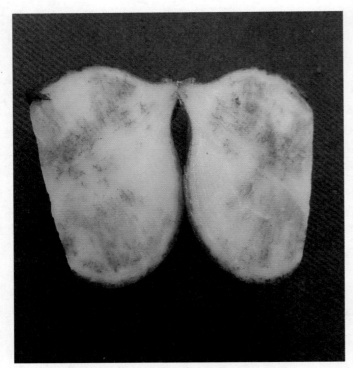

萝卜霜霉病（纵剖面）
（图片来源：Phil Taylor）

全生育期均可发生，由植株外叶向里叶发展，叶面上开始出现不规则褪绿黄斑，逐渐扩大成多角形黄褐色坏死斑。叶背病斑初为水浸状小点，逐渐发展成不规则水浸状斑，以后变成灰褐色，湿度大时叶背面长出白色霜状霉层，病害严重时，多个病斑连接成片，致使病叶枯黄死亡。

发病规律

萝卜霜霉病是真菌性病害。病菌主要在病残体或土壤中越冬。病菌萌发直接侵染幼苗，或侵染其他十字花科蔬菜，产生大量孢子囊，借风雨、气流传播，使病害扩展蔓延。一般连阴天发病重，保护地通风不良、连茬或间套种其他十字花科蔬菜容易发病。

防治措施

农业防治：选用抗病品种。收获后彻底清除病残落叶，尽可能与非十字花科蔬菜轮作。

化学防治：发病初期进行药剂防治，可选用72%霜脲·锰锌可湿性粉剂600倍液、72.2%霜霉威盐酸盐液剂600倍液或50%烯酰吗啉可湿性粉剂2 000倍液喷雾防治。每隔7天喷一次，连续喷2~3次。

蘑菇鬼伞

症状识别

发生时在料面上长出柄细长，初期菌盖呈弹头状至卵形的伞菌。菌盖初呈玉白、灰白至灰黄色，卵形至弹头形，表面大多有鳞片毛。菌柄细长，中空。老熟时菌盖展开，菌褶逐渐由白变黑，最后与菌盖自溶成墨汁状，孢子存在于墨汁之中。鬼伞腐烂时，气味难闻，常会导致霉菌的产生。

发生规律

鬼伞大多生于粪堆、肥土及植物残体上。稻草、棉籽壳、废棉、麦秆等培养料受潮霉变带有大量鬼伞孢子，使用类似培养料，未经堆制发酵或堆温不高、发酵不良或翻拌不匀，鬼伞孢子没完全杀死，致使栽培后鬼伞大量发生。

鬼伞自体溶解后，孢子随墨汁状液体流淌传播，进行再侵染。鬼伞大多发生在高温高湿的夏季或潮湿基质上；其喜酸性环境，培养料过度发酵、pH值下降呈酸性时，极易诱发鬼伞大量发生；在中性或碱性环境中，鬼伞菌生长不良。培养料添加麦皮、米糠及尿素过多，或添加未腐熟禽畜粪，堆制发酵产生大量氨气，将抑制蘑菇菌丝生长，且易于诱发鬼伞发生。

鬼 伞
（图片来源：北京市植物保护站）

防治措施

农业防治：选用新鲜未霉变的培养料，高温发酵时加强通气性，减少氮肥使用量，料中发生鬼伞时，在开伞前就及时拔除，防止孢子传播而污染培养料。

蘑菇木霉

症状识别

木霉又称绿霉，是食用菌生产中最主要的竞争性杂菌，对子实体的寄生力很强，制种和栽培过程都可受其侵染，发生轻时局部范围少出菇或出现斑点菇，重时导致整批菌种报废或培养料毁坏。

菌棒、菇床在发菌后或出菇期，可因木霉菌毒素的抑制使食用菌菌丝生长萎缩，泛黄、呈水渍状并溶化消失。木霉在生长初期会长出大量白色菌丝，菌丝生长速度很快，在2~4天内，随着孢子的产生，从菌落中心开始渐至边缘出现明显的绿色或暗绿色，通常菌落扩展很快，特别在高温高湿条件下，几天内木霉菌落可遍布整个料面，使培养料完全毁坏。

发病规律

常见木霉有绿色木霉和康氏木霉等，属于真菌。木霉病菌分布很广，栽培菇房、带菌的工具和废料等场所是主要初侵染源。分生孢子通过气流、水滴、昆虫等传播扩散。木霉发病率的高低与环境条件的关系较大，木霉孢子在25~30℃生长最快。孢子在空气相对湿度95%的条件下萌发最快，相对湿度低于85%较难萌发。因此，在高温、高湿、通气不良和培养料呈偏酸性时，很容易滋生木霉。木霉侵染寄主后，与寄主争夺养分和空间，同时还分泌毒素杀伤、杀死寄主，把寄主的菌丝缠绕、切断。通常在接种时由于消毒不严格、棉塞潮湿、生产环境不干净等原因容易造成染病，菌丝愈合、定植或采菇期菇柄基部伤口多易受感染。

木霉为害状

（图片来源：北京市植物保护站）

防治措施

农业防治：注意搞好环境卫生，保持培养室周围及栽培地清洁，采菇后及时摘除残菇、断根，及时清除染病菇棒；严格检查菌种质量，选用无病虫污染、生活力强、抗逆性强的优质菌种。

适当加大菌种量，有利于菌丝尽快占领培养料表层，提高抗杂菌能力。

物理防治：菇房使用前及生产中有关用具严格消毒，确保环境卫生，人员进入菇房也应鞋底消毒，预防传染；调节好培养料的 pH 值，菇房加强通风换气，创造利于菌丝、蘑菇生长而不利于杂菌繁殖的环境条件。

化学防治：做好菇房和覆土材料的消毒处理，可用高锰酸钾和甲醛混合后产生的气雾熏蒸菇房空间，有条件的可选用臭氧消毒剂处理菇房空气 4~6 小时；菇房地面消毒可采用 50% 咪鲜胺锰盐 500 倍液，或菇床发生污染时要立刻挖去污染部位的料面，避免扩散，然

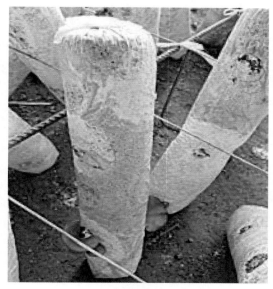

木霉为害状
（图片来源：北京市植物保护站）

后进行药剂防治，可选用 50% 咪鲜胺锰盐可湿性粉剂 2 000 倍液或 25% 美帕曲星（克霉灵）可湿性粉剂 500 倍液喷雾。有机生产中，可在去除污染的料面上及周边撒薄层石灰粉，控制病菌扩展蔓延。

蘑菇脉孢霉

　　脉孢霉俗称链孢霉或红色链孢霉。引起的病害称为粉霉病，或红面包霉病、链孢霉病，为菌种生产中最严重的病害。常在高温季节菌种生产期发生，在栽培过程中也时有发生。为害菌丝体和子实体，培养料一经污染很难彻底清除，常引起整批菌种或培养料报废，显著影响食用菌生产。

　　发生初期，产生灰白色或黄白色菌丝，呈棉絮状，很快变为橘黄色，绒毛状，菌落成熟后，上层覆盖粉红色分生孢子梗及成串分生孢子。脉孢菌可杀死食用菌的菌丝体，使培养基发热，发酵生醇，很容易从菌室内嗅到霉酒味或酒精香味。橘红色分生孢子常呈团状通过孔隙长到棉塞或塑料袋外，稍受震动便散发大量孢子到空气中，快速传播蔓延。

脉孢霉为害状

（图片来源：北京市植物保护站）

脉孢霉为害状

（图片来源：北京市植物保护站）

发病规律

　　链孢霉属于真菌，广泛存在于自然界中，生活力极强，分生孢子能耐高温，菌丝好氧，25~36℃生长最快。培养料含水量53%~67%时生长迅速。高温季节是该菌发生的高发时期，借气流和风传播。场地不卫生，无菌条件差，灭菌不彻底，棉塞受潮、过松，菌袋有沙孔是脉孢霉初侵染的主要途径。高温高湿环境，特别是培养料湿度过大，易发生。一旦料袋或培养床染菌后，可在1~2天内污染整个菇房，此菌生活力极强，能冲破塑料袋向外生长，致使整个制种和栽培失败。

防治措施

　　农业防治：针对链孢霉没有有效的防治药剂，在生产中应以预防发病为重。保证塑料菌袋厚度与质量，减少破袋；科学调制配方，防止营养过剩；菌袋灭菌彻底，防止留下空压死角；不在闷热天气接种，以防菌棒污染概率增加；防控菇蚊蝇，避免传播蔓延。

　　物理防治：做好菌种和发菌场所的清洁卫生和消毒处理，生产开始前可用高锰酸钾和甲醛混合后产生的气雾熏蒸菇房空间，有条件菇房可选用臭氧消毒剂处理菇房空气4~6小时；一旦发现污染菌棒，应立即用塑料袋套上或滴上柴油或煤油等覆盖，带出棚外集中销毁。

平菇黄斑病

症状识别

　　平菇黄斑病，又称黄菇病、细菌性黄褐斑病等。病菌一般只侵染平菇子实体的表面组织，不深入菌肉。感染初期，菌盖表面会出现小的黄色或暗褐色变色区，以后出现暗褐色的凹陷病斑，病斑圆形、椭圆形或不规则形，颜色加深并毗连成不规则的大型斑块，致使浅色菇变为黄色，深色菇变为酱色。在潮湿条件下，病斑表面有一薄层菌脓，发出臭味，当斑点干燥后，菌盖开裂，形成不对称的子实体。

发病规律

　　平菇黄斑病由细菌引起，病原菌为假单孢杆菌。引起该病的细菌在自然界分布极广，培养料、覆土材料、空气以及不洁的水中均可有病菌，可通过土壤、培养基质、病菇、人体、气流、虫类和工具等渠道广泛传播。该病在京郊平菇生产中多从11月始见发病，高发于3—5月；高温高湿、通风不良条件下发病重，常在突然降温、雾霾或沙尘暴天气后发展迅速；通常黑色平菇比浅色的发病率高、严重；种植年限长的菇棚，发病重，特别是多年连续种植平菇的棚室发病严重；栽培管理中浇水不当，例如，多次浇淋使菇体表面和体内吸水处于饱和状态，或棚室内大量积水致湿度高的，发病重。出菇期间，菇棚的温度超过18℃、相对湿度超过95%条件下，该病发生蔓延速度快。此外，菇蚊蝇可传播病菌、加重为害，当菇房内菇蚊蝇虫量多时，该病发生亦重。

防治措施

　　农业防治：要保持菇场的清洁卫生，及时清除病菇和废料；注意菇房内温度不可波动太大，防止水汽凝结，产生水膜；日常管理用水一定要采用清洁水源，不能用污水，要保持空气相对湿度在85%

平菇黄斑病为害状

（图片来源：北京市植物保护站）

左右，防止空气相对湿度过大，注意加强通风，尤其在喷水后应加大通风，使菌盖上的水分在短时间内蒸发掉，是减少细菌病害的有效措施之一；始见病菇后要及时摘除病害严重的菇体，立即加大通风量，暂停喷水或减少喷水，将湿度降至 85% 以下。

平菇黄斑病为害状

（图片来源：北京市植物保护站）

物理防治：采用防虫网、黄板、诱虫灯等物理防控技术，阻隔、诱杀菇蚊蝇，减少传播介体，避免病害进一步扩散蔓延。

双孢菇斑点病

症状识别

发病初期在双孢菇菇盖上产生黄色或淡褐色圆形或不规则形小斑点，中央稍凹陷，尤其在潮湿的菇体上发展迅速；后期病斑变成棕褐色，并出现黏液，有臭味。病斑仅发生在蘑菇表层，超过3毫米的菌肉极少变色。严重情况下，菌柄上也会有纵向棕色条斑，菌褶很少感染。

发病规律

双孢菇斑点病由细菌引起，病原菌为假单胞菌托拉斯假单孢杆菌，这种细菌广泛存在于自然界，培养料、覆土、管理用水是引致发病的主要初侵染源。该菌传播途径广泛，可经采菇者的双手、菇箱等其他工具迅速传播；蚊蝇和螨类等害虫也是重要传播媒介。一般菇房温度15℃以上、相对湿度85％以上时容易发病，特别是菌盖表面较长时间保持一层水膜的条件下病菌的繁殖速度快，几小时就可完成侵染而产生病斑。菇房温差大，子实体表面结露时有利于此病发生。该病不仅影响食用菌产量，更重要的是降低食用菌品质，给生产者造成严重的经济损失。

防治措施

农业防治：加强管理和合理调节菇房温、湿度；喷水后注意通风、使菇房空气相对湿度降至90％以下，保持菇体干燥；如已发病，可适量减少或暂时停止喷水；及时挖除病菇，以有效地减轻和防止病菌随喷水、采摘等操作而扩大蔓延；做好覆土处理，将覆土在阳光下暴晒，即在7—8月，暴晒覆土3~5天，使土粒中心发白。

双孢菇斑点病病菇
（图片来源：北京市植物保护站）

物理防治：双孢菇生长期应及时防治各种害虫，尤其是菇蝇、菇蚊和螨类等，减少病害传播，可采用防虫网、黄板、诱虫灯等物理防控技术，阻隔、诱杀菇蚊蝇，减少传播介体；严格把好消毒关，注意菇房及其设施的彻底消毒和生产环境的清洁卫生，菇房四壁、地面及床架等用 8% 漂白粉溶液消毒处理。

化学防治： 栽培用普通水，可先用 0.015%~0.02% 漂白粉消毒；可用甲醛消毒土壤，每立方米 0.03 千克甲醛拌于土壤中，于覆土前 7 天，

双孢菇斑点病病菇
（图片来源：北京市植物保护站）

以塑料薄膜封闭 48 小时至数天，揭膜待甲醛散发后再用；病区可喷洒漂白粉 500~600 倍液或 5% 石灰水上清液，也可在菇床上撒一薄层石灰粉；做好环境卫生和消毒工作，病菇要挖坑深埋，使用的工具可用 1% 漂白粉清洗消毒。

双孢菇胡桃肉状菌

症状识别

初期在培养料内、料面及覆土上产生白色至奶油色棉絮状浓密菌丝，随病害发展病菌产生大量分生孢子，同时形成大小不等、红褐色外观、形态疑似胡桃仁的子囊果。受害部位的双孢菇菌丝生长严重受抑制，最后消失，其培养料呈暗褐色湿腐，散发出刺鼻的漂白粉气味。病害严重时菇床不再形成蘑菇。

发病规律

胡桃肉状菌多在双孢菇菇床秋菇覆土前后和春菇后期发生。病菌在土壤中生活，孢子随覆土、培养料进入菇房，也可随气流、操作及工具传播。子囊孢子生活力极强，耐高温、耐干旱、耐化学药品。病菌菌丝生长最适温度为26~28℃。菇房内高温高湿、通风不良、培养料及覆土偏酸，极易发病。

双孢菇受害状

（图片来源：陈青君）

双孢菇受害状

（图片来源：陈青君）

防治措施

农业防治：该病的防控应以预防为重。选用优质、健康菌种，避免使用被污染的菌种；做好培养料，在一次发酵时将培养料做得干点，以手绞培养料时水不会滴下为宜，在二次发酵时，将温度升高到 60~65℃，如果在 60℃维持 12 小时，如果达到65℃则维持 6 小时；加强菇房管理，覆土后封窗爬土阶段床温不要超过 25℃，最好在23℃左右。

化学防治：生产前将菇房进行严格消毒，菇房在进培养料之前 1 周用甲醛（10 毫升 / 立方米）熏蒸一次，培养料进菇房前 2 天开启门窗通风；消毒覆土，可用 5% 甲醛液将覆土拌匀后，用薄膜覆盖堆闷 24 小时以上，然后摊开，散尽药味后方可进菇房覆土使用；覆土前可在菌床上喷施 50% 多菌灵可湿性粉剂 800~1 000 倍液，药液用量为 1 千克 / 平方米；如果在覆土后发现有胡桃肉状菌，要切断患病区，用薄膜从床底包起，以防止孢子或者菌丝体掉到下一床，然后菌床上下两面喷一次高浓度福尔马林，然后喷一次多菌灵溶液，以床面湿润为宜，不要太湿。在干燥状态，胡桃肉状菌生长缓慢，多菌灵对胡桃肉状菌菌丝的生长和子实体形成有强烈抑制作用，在有胡桃肉状菌的菇房 7~10 天喷一次多菌灵溶液，可以有效防止胡桃肉状菌的扩散。

双孢菇白色石膏霉

症状识别

　　白色石膏霉常在双孢菇播种前后发生，先在培养料内出现白色菌丝，随后在覆土层内及面上扩展，在覆土层表面产生初为白色、略具光泽斑块状浓密菌落，大小差异大，并且多呈现为近椭圆形大菌落，不久转变成白色石膏粉末状物，以后转变成褐黄色，最后变化成桃红色粉状颗粒。此时，菌落下的培养料内几乎为病菌菌丝所占领，双孢菇菌丝不能生长。病菌菌丝被消灭后，双孢菇菌丝仍能恢复生长。

发生规律

　　白色石膏霉主要生长在土壤中，也可生长在枯枝落叶等植物残体上。孢子随气流、培养料及覆土进入菇床，喜潮湿偏碱条件，常被认作是培养料发酵温度偏低、未腐熟和酸碱度太高的一种指示菌。通常情况下，培养料偏湿、偏碱或播种前后菇房通风不良极易发生此病。

白色石膏霉侵染菇床
（图片来源：北京市植物保护站）

防治措施

　　农业防治：严格按照培养料的堆制要求，掌握好发酵温度，可适当增加过磷酸钙和石膏的用量。

　　物理防治：培养料要进行二次发酵，覆土要用甲醛熏蒸处理；在菇床上发生时，可在发病部撒粗盐覆盖，避免传染。

双孢菇线虫病

症状识别

线虫为害双孢菇可造成毁灭性损失，寄生线虫主要吸食和消化菌丝细胞的营养物质，使菌丝生长受阻，严重时萎缩消失，使培养料变湿、变黑、发黏。腐生线虫群集在一起依靠头部快速搅动使食物断成碎片，然后进行吸吮和吞咽。此外，因线虫钻食为多种细菌、真菌、病毒等病原菌入侵创造了条件，使其他病害进一步加重或诱致发生新的病害。

发生规律

线虫生存范围广，繁殖能力强，速度快，一条成熟雌虫可产卵数十粒至上千粒，常温下 10 天左右即可繁殖一代。线虫对

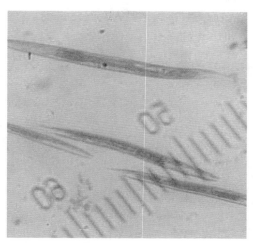

线虫显微照片
（图片来源：北京市植物保护站）

低温与干燥环境有一定耐力，水是其活动与为害的必要条件。当环境条件不利时以休眠状态在干燥土壤中可存活几年。蘑菇堆肥线虫和蘑菇菌丝线虫在水中都有聚团现象。小杆线虫也有群集觅食习性，经常成团聚集在瓶（袋）壁上。通常多为两种或两种以上混合发生，蘑菇堆肥线虫数量最多，小杆线虫次之，蘑菇菌丝线虫相对偏少。

防治措施

农业措施： 使用清洁干净的水源喷洒栽培料；保证地面不积水，及时清除残留在菇房的烂菇及一切废料；培养料进行二次发酵处理，杀死线虫。

物理防治： 水源不洁净可加入适量硫酸铝沉淀出杂质与线虫；覆土用 60℃高温处理 10 分钟以上；对菇房进行严密消毒，栽培前或栽培结束后对有关的操作工具及场所保持 3 小时以上 55℃高温，杀死所有线虫；栽培前也可用 2%石灰水喷洒栽培地面与四壁。

化学防治： 栽培前可用 1.8%阿维菌素乳油 2 000~2 500 倍液喷洒菇房、菇床及地面，或用甲醛 10 毫升 / 立方米与敌敌畏 10 毫升 / 立方米混合密闭熏蒸 24 小时；覆土可用 1.8%阿维菌素乳油 35~50 毫升 / 立方米处理。

葡萄白粉病

症状识别

　　葡萄白粉病主要为害葡萄的叶、果实、新枝蔓等，幼嫩组织最容易感染。开始发病时，在叶面上呈现白粉斑，严重时白粉状霉层布满叶片。幼果受害，果面上着生白色粉状物，有时造成果实裂口。新梢、果柄及穗轴发病时，发病部位起始白色，后期变为黑褐色、网状线纹，覆盖白色粉状物。生长后期白粉状霉层上可出现黑色颗粒状物。

葡萄白粉病病叶
（图片来源：李兴红）

发病规律

　　葡萄白粉病是一种真菌病害，通过气流传播，在一个生长季可以多次侵染，病害发生的最适宜温度是 23~30℃；相对湿度为 85%，因此，干旱的夏季和温暖而潮湿、闷热的天气易于白粉病的大发生。光照也是影响病害的重要环境因子，光照充足部位白粉病发生的严重度要比遮阴处的低几倍。栽培过密，施氮肥过多，修剪、摘副梢不及时，枝梢徒长，通风透光状况不良的果园，白粉病发病较重；不同品种和组织之间存在抗病性差异，欧洲品种比较感病，美洲品种抗性较强；嫩梢、嫩叶、幼果较老熟组织感病。

葡萄白粉病
（图片来源：李兴红）

防治措施

　　农业防治：加强栽培管理，要注意及时摘心绑蔓剪副梢，使蔓均匀分布于架面上，保持通风透光良好；冬季剪除病梢，清除病叶、病果，集中烧毁。

　　化学防治：要注意喷药保护，一般在秋季葡萄埋土前和春季葡萄发芽前各喷施一次 45% 晶体石硫合剂 40~50 倍液。发病初期喷施 10% 氟硅唑 1 500 倍液或 10% 苯醚甲环唑水分散粒剂 2 000 倍液。

葡萄白粉病
（图片来源：李兴红）

葡萄白腐病

症状识别

葡萄白腐病主要为害果穗，也为害枝蔓和叶片。果穗受害，潮湿时果穗腐烂脱落，干燥时果穗干枯萎缩，不脱落，形成有棱角的褐色僵果；枝蔓受害，从伤口处开始发病，病斑褐色，最后枝蔓皮层组织纵裂，呈乱麻丝状；叶片受害，叶缘部位较大面积干枯，有不明显的同心轮纹。白腐病的特点是在病组织上着生灰白色小粒点。

葡萄白腐病病叶
（图片来源：李兴红）

发病规律

葡萄白腐病是一种真菌病害，借雨水飞溅传播，通过伤口侵染果穗和枝蔓。暴风雨、冰雹过后常导致大流行。病害发生与栽培管理也有关，土质黏重、地势低洼、排水不良、植株郁闭的果园，其他病虫害严重、机械损伤较多的果园发病均较重。通常，篱架比棚架栽培发病重。

葡萄白腐病病茎
（图片来源：李兴红）

防治措施

农业防治：冬季结合修剪，彻底清除病枝蔓和挂在枝蔓上的僵果，并将园中的病残体集中烧毁或深埋。在北方埋土区选择"厂"字形架势，提高结果带。保护地栽培和非埋土地区可选择棚架栽培。可以通过避雨栽培，控制白腐病。

化学防治：花前可喷施一次铜制剂，落花后根据天气情况喷药，喷药以保护果穗为主；特殊天气（冰雹、暴风雨）后需要紧急处理，24小时内及时喷洒药剂。常用药剂有25%嘧菌酯2 500倍液、10%苯醚甲环唑1 500~2 000倍液或25%吡唑醚菌酯2 500倍液。

葡萄白腐病病果
（图片来源：李兴红）

葡萄褐斑病

症状识别

葡萄褐斑病仅为害叶片，初期在叶片表面产生许多近圆形、多角形或不规则形的褐色小斑点，以后病斑逐渐扩大，常融合成不规则形的大斑，直径可达 2 厘米以上。病斑中部呈黑褐色，边缘褐色，病健部分分界明显，病害发展到一定程度时，病叶干枯破裂而早期脱落，严重影响树势和翌年的产量。

发病规律

葡萄褐斑病是一种真菌病害，通过气流和雨水传播，高温高湿的气候条件是葡萄褐斑病发生和流行的主导因素。因此，夏季多雨的地区或年份发病严重。此外，果园管理粗放、施肥不足、树体衰弱时，也易于发病。

防治措施

农业防治：秋后彻底清扫果园落叶，集中处理，以消灭越冬菌源，是防控褐斑病的关键。加强葡萄的水肥管理，合适的密度、健壮的叶片是防控褐斑病的基础。提高架势（高架栽培）也可减轻发病。

化学防治：结合白粉病、黑痘病、霜霉病及炭疽病等病害的控制兼治即可，无须单独药剂防治。往年发病重的果园可在发病初期喷施 50% 代森锰锌可湿性粉剂 600 倍液、20% 苯醚甲环唑水分散粒剂 3 000 倍液或 40% 氰硅唑乳油 8 000 倍液。

葡萄褐斑病
（图片来源：李兴红）

葡萄黑痘病

症状识别

　　葡萄黑痘病又名疮痂病、鸟眼病。主要为害葡萄的绿色幼嫩部分，如幼果、嫩叶、叶脉、叶柄、枝蔓、新梢和卷须等。叶片发病初期为针头大小的褐色小斑点，病斑扩大后呈圆形或不规则形，中央灰白色，边缘暗褐色或紫色，病斑常自中央破裂穿孔。叶脉受害，病斑呈梭形，凹陷，灰褐色至暗褐色，常造成叶片扭曲、皱缩。果实受害，病斑呈灰白色，外部仍为深褐色，而周缘紫褐色似"鸟眼"状。新梢、枝蔓、叶柄、果柄、卷须受害，出现圆形或不规则形褐色小斑，后变灰黑色，病斑边缘深褐色，病斑中部凹陷开裂。严重时常数个病斑连成一片，使病梢、卷须因病斑环绕一周导致其上部枯死。

发病规律

　　葡萄黑痘病一般发生于现蕾开花期。病害的发生与降雨、大气湿度、植株幼嫩情况和品种有密切关系。多雨高湿病害发生严重；果园地势低洼、排水不良、通风透光

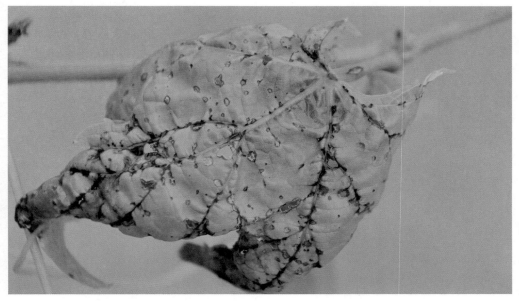

葡萄黑痘病病叶
（图片来源：李兴红）

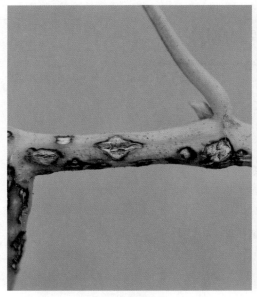

葡萄黑痘病病茎
（图片来源：李兴红）

葡萄黑痘病病果
（图片来源：李兴红）

差、田间小气候空气湿度高的果园发病重；管理粗放、树势衰弱的果园发病重；氮肥多、植株徒长的果园，以及清理果园不彻底者发病重。

防治措施

农业防治： 搞好田园卫生，清除菌源，冬季结合修剪，刮除病、老树皮，彻底清除果园内的枯枝、落叶、烂果等。生长季节及时摘除病果、病叶和病梢，降低田间病原菌数量。

化学防治： ①休眠期喷药。第一次在清园后进行，第二次在萌芽前进行，使用45%晶体石硫合剂40~50倍液喷布树体及树干四周的土面，减少病害的初侵染来源。②葡萄生长期喷药。二叶一心期、花前1~2天、80%谢花及花后10天左右是防治黑痘病的4个关键时期。效果较好的药剂有70%丙森锌可湿性粉剂600倍液、78%科博（波尔·锰锌，波尔多液+代森锰锌）可湿性粉剂800倍液、50%甲基托布津800倍液、40%氟硅唑乳油8 000~10 000倍液、10%苯醚甲环唑3 000倍液、25%嘧菌酯悬浮剂5 000倍液，以及配比为硫酸铜：生石灰：水=1：1：（60~200）的波尔多液。

葡萄灰霉病

症状识别

　　灰霉病是引起葡萄烂果的一种重要病害，除为害果实外，也可为害叶片和枝条。受侵染的果实褐色腐烂，果实采收后，在低温条件下贮藏仍可继续腐烂。

　　早春低温多雨也可引起花穗腐烂，受害果穗呈褐色腐烂，有时也可为害新梢、枝条，褐色腐烂，叶片受害是在叶缘处腐烂，病部呈"V"字形。灰霉病典型特征是在潮湿条件下，病部有灰黑色霉层。

发病规律

　　葡萄灰霉病是一种真菌病害，通过气流传播，葡萄花期是侵染关键期，在近成熟期以后开始发病，此时病害仍可扩展蔓延。葡萄开花期逢阴雨天气有利于病害发生；葡萄采收前降雨也会导致葡萄灰霉病大发生；虫害、冰雹、鸟害等造成的伤口，有助于葡萄灰霉病菌的侵染，加重发病。灰霉病发病适宜温度为15~20℃，低温、弱光有利于发病。

防治措施

　　农业防治：在生长期、收获期和收获后，及时剪除病果穗及其他病组织，并集中处理或销毁。采用合理架势，及时清除副梢，摘除果穗周围叶片，加强田间通风透光。

　　化学防治：药剂防治应抓住防治适期和用药种类，一般花期和花后用药两次；根据不同地区的气候条件，若葡萄转色后气象条件为高温或干旱的地区只在春季花期用药即可。药剂可选用50%咯菌腈可湿性粉剂5 000倍液、40%嘧霉胺悬浮剂800~1 000倍液、50%腐霉利可湿性粉剂600倍液或50%异菌脲可湿性粉剂500~600倍液。果实采收前，可喷洒一些生物农药，如1×10^6孢子/克的寡雄腐霉可湿性粉剂1 000~2 000倍液。

葡萄灰霉病
（图片来源：李兴红）

葡萄卷叶病

症状识别

葡萄卷叶病是一种为害较重的病毒病。葡萄卷叶病具有半潜隐的特性，生长季前期无症状，而在果实成熟到落叶前症状表现明显。红色品种感染卷叶病毒后，在夏末或秋季病株基部成熟叶片脉间会出现红色斑点。随着时间的推移，斑点逐渐扩大，连接成片，秋季整个叶片变为暗红色，但叶脉仍然保持绿色。叶片增厚变脆，叶缘向下反卷。这些症状会从病株基部叶片向顶部叶片扩展，严重时整株叶片表现症状，树势非常衰弱。在白色品种上，症状表现相似，但是叶片颜色会变黄而不是变红。病株葡萄果粒小，数量少，果穗着色不良，尤其是一些红色品种，染病后果实苍白，基本失去商品价值。

葡萄卷叶病
（图片来源：李兴红）

发病规律

葡萄卷叶病毒主要通过嫁接传染，并随繁殖材料（接穗、砧木、苗木）远距离传播。葡萄卷叶病毒可通过粉蚧和绵蜡蚧等传播介体近距离传播。至今还没有发现葡萄卷叶病毒可以种传。

防治措施

农业防治：培育和种植无病毒苗木是防控葡萄卷叶病的根本措施。建园时，选择 3 年以上未栽植葡萄的地块，园址距离普通葡萄园 30 米以上，以防粉蚧等介体从普通园中传带病毒。对于已有的葡萄园，发现病株，应及时拔除。

葡萄卷叶病
（图片来源：李兴红）

物理防治：如发现传染卷叶病毒的粉蚧等媒介昆虫，需进行防治。冬季或早春刮除老翘皮，或用硬毛刷子刷除越冬卵，集中烧毁或深埋。

化学防治：葡萄萌动前，结合其他病虫害的防治，全树喷布 45% 晶体石硫合剂 40~50 倍液。在各代若虫孵化盛期，喷 25% 溴氰菊酯乳油 3 000 倍液。

葡萄卷叶病
（图片来源：李兴红）

葡萄扇叶病

症状识别

葡萄扇叶病的症状表现主要有畸形、黄化和镶脉 3 种症状类型。①畸形症状表现为植株矮化或生长衰弱，叶片变形皱缩，左右不对称，叶缘锯齿尖锐；叶脉伸展不正常，呈扇状，有时伴随有褪绿斑驳；新梢分枝不正常，双芽，节间缩短，枝条变扁或弯曲，节部有时膨大；坐果不良，成熟期不整齐。②黄化症状为春季叶片上先出现黄色散生的斑点、环斑或条斑，之后形成黄绿相间的花叶；严重时病株的叶、蔓、穗均黄化；果穗和果粒多较正常的小；后期老叶整叶黄化、枯萎、脱落。③镶脉症状表现为春末夏初，成熟叶片沿主脉产生褪绿黄斑，渐向脉间扩展，形成铬黄色带纹。

葡萄扇叶病
（图片来源：李兴红）

发病规律

葡萄扇叶病是病毒病害。可通过无性繁殖材料（插条、砧木和接穗）传播。苗木和接穗的调运是该病远距离传播的主要途径。葡萄扇叶病毒还能经线虫传播，在田间扩散蔓延中起重要作用。

葡萄扇叶病
（图片来源：李兴红）

防治措施

农业防治：葡萄一旦被病毒感染，即终生带毒，持久为害，无法通过化学药剂进行有效控制。培育和种植无病毒苗木是防治葡萄扇叶病的根本措施。

化学防治：建园时，选择 3 年以上未栽植葡萄的地块，对有线虫发生的地区，种植前可使用 1,3- 二氯丙烷、溴甲烷、棉隆等杀灭土壤线虫，以减少线虫的数量，降低发病率；对于已有葡萄园，如发现零星病株，应立即拔除，并用杀线虫剂对根系周围的土壤进行消毒处理。

葡萄扇叶病
（图片来源：李兴红）

葡萄炭疽病

症状识别

葡萄炭疽病是葡萄重要的果实病害。幼果发病为黑褐色、蝇粪状病斑；成熟期果实染病后，初期为褐色、圆形斑点，后逐渐变大并凹陷，在病斑表面逐渐生出轮纹状排列的小黑点，天气潮湿时，有橘红色黏液溢出，这是炭疽病的典型症状。严重时，病斑扩展到半个或整个果面，果粒软腐，脱落或逐渐干缩成僵果，炭疽病引起果实腐烂，也有的表现为果实干缩、颜色变黑，果面密生小黑点，整个果穗的大部分果实受害后也常引起果实裂口，加重酸腐病和灰霉病的发生。

葡萄炭疽病
（图片来源：李兴红）

发病规律

葡萄炭疽病为真菌病害，炭疽病的发生与雨水关系密切。葡萄炭疽病菌侵染果实主要在果实近成熟期，遇有阴雨天气，病菌侵染的环境临界值为 24 小时内降雨时数在 4 小时且相对湿度在 85% 以上持续 7 小时。

葡萄炭疽病
（图片来源：李兴红）

防治措施

农业防治：把修剪下的枝条、卷须、叶片、病穗和病粒等清理出果园，统一处理。减少田间越冬的病菌数量是防治该病的关键。

物理防治：鲜食葡萄可采用避雨栽培或套袋栽培技术控制葡萄炭疽病；酿酒葡萄炭疽病严重的地区可采用避雨措施。北方地区，在 7 月初，早熟品种可在 6 月中下旬开始避雨，避雨措施可有效防治葡萄炭疽病和霜霉病。

化学防治：药剂防治可选用 25% 吡唑醚菌酯乳油 2 000 倍液、20% 苯醚甲环唑 3 000 倍液或 80% 戊唑醇 6 000~10 000 倍液。喷药时期为果实近成熟期，视病害发生情况，喷药 3~5 次。

葡萄炭疽病
（图片来源：李兴红）

茄子白粉病

症状识别

茄子白粉病主要为害叶片。发病初期叶面出现不规则褪绿黄色小斑，叶背相应部位则出现白色小霉斑，扩展后可相互连接遍及整个叶面，严重时叶片正反面全部被白粉覆盖。

发病规律

茄子白粉病是真菌性病害。病菌主要在病残体上越冬，发病适宜温度16~24℃。叶片在阴雨天呈潮湿状态，易造成白粉病大发生。

防治措施

农业防治：实行轮作；选用抗病品种；科学施肥；合理密植；通风、降湿；及时清除病叶、老叶和病残体，带出田外集中销毁。

生物防治：发病初期可喷施99%矿物油乳油300~500倍液，或0.5%大黄素甲醚水剂600~800倍液。

化学防治：发病初期喷施80%硫黄干悬浮剂600~800倍液、42.8%氟菌·肟菌酯悬浮剂30~45毫升/亩、250克/升嘧菌酯悬浮剂1 500~2 000倍液或40%腈菌唑可湿性粉剂1 500~2 000倍液，5~7天一次，连续2~3次。

茄子白粉病
（图片来源：北京市植物保护站）

茄子白粉病
（图片来源：北京市植物保护站）

茄子灰霉病

症状识别

茄子苗期、成株期均可发生灰霉病。叶片染病，在叶缘处先形成水渍状大斑，后变褐，形成"V"字形病斑或椭圆形或近圆形浅黄色轮纹斑，严重时致整叶干枯。茎秆、叶柄染病也可产生褐色病斑。果实染病，幼果果蒂周围局部先产生水浸状褐色病斑，扩大后呈暗褐色，凹陷腐烂。湿度大时，病部产生灰色霉层。

发病规律

病菌以菌丝体或分生孢子随病残体在土壤中越冬，也可以菌核的形式在土壤中越冬，成为翌年的初侵染源。随气流、浇水、农事操作等传播，形成再侵染。多在开花后侵染花瓣，再侵入果实引发病害，也可从果蒂部侵入。病原菌喜低温高湿。持续较高的空气相对湿度是造成灰霉病发生和蔓延的主导因素。光照不足，气温较低（16~20℃），湿度大，结露持续时间长，都非常适合灰霉病发生。春季如遇连续阴雨天气，气温偏低，温室大棚放风不及时，湿度大，灰霉病容易流行。植株长势衰弱时病情加重。

茄子灰霉病病叶
（图片来源：张国珍）

防治措施

农业防治： 重点抓住移栽前、开花期和果实膨大期其3个关键时期，农业管理与生物防治相结合。做好棚室内温湿度调控，即上午尽量保持较高温度使棚顶露水雾化，下午适当延长放风时间，加大放风量降低棚内湿度。避免偏施氮肥，增施有机肥或复合肥，增强植株抗病能力。及时摘除病果、病叶，带出棚外深埋。

化学防治： 在每3千克蘸花药液中加2.5%咯菌腈悬浮剂10毫升，均匀蘸花或涂抹。喷雾可选用50%异菌脲悬浮剂1 000倍液、70%嘧霉胺水分散粒剂1 500倍液、2亿活孢子/克木霉菌可湿性粉剂600倍液或25%啶菌·恶唑乳油750倍液。

茄子灰霉病果
（图片来源：张国珍）

茄子黄萎病

症状识别

茄子黄萎病又称半边疯，田间多在坐果后表现症状，一般自下向上发展。初期叶缘及叶脉间出现褪绿，病株初在晴天中午呈萎蔫状，早晚尚能恢复，经一段时间后不再恢复，叶缘上卷变褐脱落，病株逐渐枯死，叶片大量脱落呈光秆。剖视病茎，维管束变褐。有时植株半边发病，呈半边疯或半边黄。

发病规律

茄子黄萎病由真菌引起。病菌随病残体在土壤中越冬，一般可存活6~8年。第二年从根部伤口、幼根表皮及根毛侵入，然后在维管束内扩展，并蔓延到茎、叶、果实、种子。当年一般不发生再侵染。病菌在田间靠灌溉水、农具、农事操作传播扩散，病害远距离传播通过带菌种子。从根部伤口或根尖直接侵入。发病适温为19~24℃。田间湿度大、重茬地、施未腐熟带菌肥料、缺肥或偏施氮肥发病重。

茄子黄萎病病株
（图片来源：北京市植物保护站）

防治措施

农业防治：该病主要用嫁接技术防治，即用野生茄作砧木；选择地势平坦、排水良好的沙壤土地块种植茄子，并深翻平整；发现过黄萎病的地块，要与非茄科作物轮作4年以上，其中以与葱蒜类轮作效果较好；发现病株及时拔除，收获后彻底清除田间病残体并集中烧毁。

化学防治：发病初期选用50%多菌灵可湿性粉剂或80%代森锰锌500倍液灌根，每株灌对好的药液300毫升，每隔7~10天一次，连续灌2~3次。

茄子黄萎病病叶
（图片来源：北京市植物保护站）

茄子菌核病

症状识别

　　茄子菌核病是冬春保护地茄子常见病害之一，整个生育期均可发病，可为害枝、果、叶、花等部位。一般先从主茎基部或侧枝 5~20 厘米处表现症状，初呈淡褐色水渍状病斑，稍凹陷，渐变灰白色，湿度大时长出白色絮状菌丝，皮层腐烂，在病茎表面及髓部形成黑色菌核，干燥后髓空，病部表面易破裂，呈纤维麻状外露，致植株枯死。

发病规律

　　茄子菌核病由真菌引起。主要以菌核在土壤中越冬、越夏。发病最适宜的条件为温度 16~20℃，相对湿度 85% 以上。北京地区冬春保护地排水不良、种植过密、棚内通风透光差及多年连作等的田块发病重。最适感病生育期为成株期至结果中后期。

防治措施

　　农业防治： 清洁田园、深翻土壤，将病株带出田外销毁，降低初侵染。

　　生物防治： 发病初期喷洒 1 000 亿孢子 / 克枯草芽孢杆菌可湿性粉剂 300 倍液。

　　化学防治： 发病初期可选用 50% 腐霉利 1 000 倍液或 50% 啶酰菌胺 2 000 倍液喷施发病部位。

茄子菌核病
（图片来源：北京市顺义区植保植检站）

茄子菌核病
（图片来源：北京市顺义区植保植检站）

茄子绵疫病

症状识别

成株期叶片感病，产生水浸状不规则形病斑，具有明显的轮纹，但边缘不明显，褐色或紫褐色，潮湿时病斑上长出少量白霉。茎部受害呈水浸状缢缩，有时折断，并长有白霉。花器受侵染后，呈褐色腐烂。病果呈黑褐色腐烂状，高湿条件下病部表面长有白色絮状菌丝，病果易脱落。

发病规律

茄子绵疫病由真菌引起。病菌主要以卵孢子在土壤中病株残留组织上越冬。卵孢子经雨水溅到植株上后，由寄主表皮直接侵入。可借助雨水或灌溉水传播，使病害扩大蔓延。高温高湿有利于病害发展。秋季雷雨过后病害易暴发。

防治措施

农业防治：深沟高畦栽培，雨后注意及时排水；地膜覆盖，采用黑色地膜覆盖地面或铺于行间，阻断土壤中病菌飞溅传播；精细管理，适时整枝，打去下部老叶，改善田间通风透光条件，及时摘除病叶、病果，并将病残体带出田外，以防再侵染。

化学防治：发病初期可选用58%甲霜灵锰锌600倍液、72%霜脲锰锌600~800倍液或72.2%霜霉威水剂800倍液，每7天左右喷药一次，共2~3次，喷药时着重喷洒下部果实。

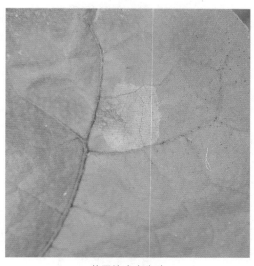

茄子绵疫病病叶
（图片来源：北京市顺义区植保植检站）

茄子绵疫病病果
（图片来源：北京市顺义区植保植检站）

芹菜斑枯病

芹菜斑枯病
（图片来源：北京市植物保护站）

芹菜斑枯病
（图片来源：北京市植物保护站）

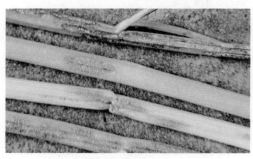

芹菜斑枯病
（图片来源：北京市植物保护站）

症状识别

主要为害叶片，也为害叶柄和茎。一般老叶先发病，从外向里发展。病斑初为淡褐色油浸状小斑点，边缘明显，以后发展为不规则斑，颜色由浅黄色变为灰白色，边缘深红褐色，且聚生很多小黑粒，病斑外常有一圈黄色的晕环。叶柄、茎部病斑褐色，长圆形稍凹陷，中间散生黑色小点。

发病规律

芹菜斑枯病为一种真菌性病害。病菌借种子、风、雨、农事操作等方式传播。冷凉高湿条件下易发生，病菌发育适温 20~27℃。芹菜生长期多阴雨天气、昼夜温差大可使植株叶片结露，病害发生严重。

防治措施

农业防治：轮作倒茬。

物理防治：温汤浸种。

化学防治：种子处理，用 75% 百菌清可湿性粉剂 700 倍浸种 4~6 小时。无病时早喷药预防，在苗高 3~4 厘米喷 10% 苯醚甲环唑水分散粒剂 1 000 倍液或 25% 醚菌酯悬浮剂 2 500 倍液防护。阴雨天也可用 45% 百菌清烟剂 200~250 克 / 亩，分散 5~6 处点燃熏棚，连续熏蒸 2 次。

芹菜灰霉病

症状识别

芹菜灰霉病主要为害叶片、叶柄，严重时也为害茎秆。开始多从植株有结露的心叶或下部有伤口的叶或枯黄衰弱外叶先发病，初为水浸状，后病部软化、腐烂或萎蔫，病部长出灰色霉层。

发病规律

芹菜灰霉病为一种真菌性病害，病菌主要借气流、雨水和人为生产活动传播。该病多发生于冬季和春季，属典型的低温高湿病害。适宜发病温度20~23℃，相对湿度80%以上、弱光易于发病。连阴雨天气、放风不及时、密度过大均易于该病发生。

芹菜灰霉病病叶
（图片来源：北京市植物保护站）

防治措施

农业防治：加强栽培管理，采用滴灌、膜下暗灌，降低湿度；及时清除病部，防止病害蔓延。

化学防治：发病初期，用42.4%吡唑醚菌酯·氟唑菌酰胺（健达）悬浮剂1 000~1 500倍液、50%啶酰菌胺水分散粒剂33~46克/亩、50%嘧霉胺1 000倍液或50%腐霉利可湿性粉剂1 000倍液，每隔5~7天喷一次，连喷2~3次，重点喷施于发病部位，注意轮换、交替用药。

芹菜菌核病

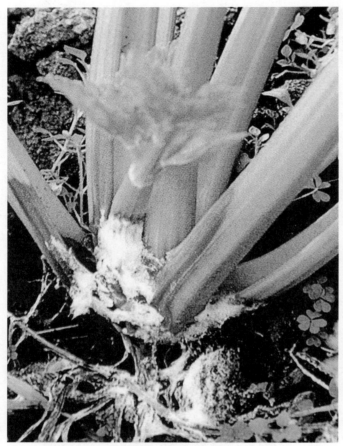

芹菜菌核病
（图片来源：北京市植物保护站）

症状识别

芹菜菌核病主要为害叶片和茎。病害常先在叶部发生，初叶片形成暗绿色病斑，潮湿时表面生白色菌丝层，后向下蔓延，引起叶柄及茎发病。病处初为褐色水渍状，后形成软腐或全株溃烂，表面生浓密的白霉，最后形成鼠粪状菌核。

发病规律

芹菜菌核病为一种真菌性病害，低温、湿度大有利于该病发生和流行。排水不良的低洼地或偏施氮肥发病重。

防治措施

农业防治：轮作倒茬，降低棚内或田间湿度，发现病株及时拔除，带出田外集中销毁。

化学防治：发病初期开始喷洒 50% 腐霉利可湿性粉剂 1 000 倍液或 50% 咪鲜胺可湿性粉剂 1 500 倍液，5~7 天一次，连续 2~3 次。

芹菜叶斑病

症状识别

　　芹菜叶斑病又称早疫病、斑点病，是芹菜最为常见的病害之一。芹菜叶斑病主要为害叶片，开始时是黄绿色水渍状斑，后发展为圆形或不规则形，病斑淡褐色，发生严重时病斑连片，并使叶片干枯死亡。茎和叶柄上的病斑椭圆形或长条形，褐色，稍凹陷，发生严重时引起倒伏，高温高湿时，病斑表面可长出灰白色霉层。

发病规律

　　芹菜叶斑病由真菌引起，病菌在种子、病株、病残体上越冬，通过气流、雨水或灌溉水、农事操作等传播为害。病菌喜高温高湿，发育适温为 25~30℃，高温多雨或虽高温干旱，但夜间结露重，且持续时间长容易发病。缺水缺肥、灌水过多或植株生长不良，发病重。

防治措施

　　农业防治：选用耐病品种，根据生产实践选择抗耐病品种；重病地实行 2 年以上轮作；清洁田园，发病初期摘除病叶，减少棚内或田间菌源，芹菜收获后要及时清理残枝落叶，减少田间落菌量；多施有机肥，及时追肥、浇水，以促进植株健壮生长，增强植株抗病力；控制温湿度，保护地要防止棚内湿度过大，要及时通风降湿；白天控温 18~23℃，高于 25℃要放风散湿，夜间不低于 13℃，缩小日夜温差，减少结露；浇水时，切忌大水漫灌。

　　化学防治：发病初期，选用 70% 甲基托布津可湿性粉剂 600 倍液、80% 代森锰锌可湿性粉剂 800 倍液或 10% 苯醚甲环唑水分散粒剂 2 000 倍液。各种药剂轮换使用，每 7 天一次，连续 2~3 次。

芹菜叶斑病病叶
（图片来源：北京市延庆区植物保护站）

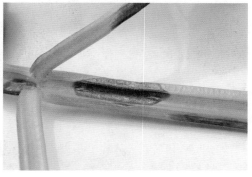

芹菜叶斑病病茎
（图片来源：北京市延庆区植物保护站）

生菜灰霉病

症状识别

苗期染病时，受害茎、叶呈水浸状腐烂；成株染病，一般从近地面的叶片开始，初呈水浸状、不规则病斑，后扩大而呈褐色。茎基部被害状与叶柄基部相似，严重时，从基部向上溃烂，地上部茎叶萎蔫，整株死亡。潮湿的环境下，病部生出灰色或灰绿色霉层。天气干燥，病株逐渐干枯死亡，霉层由白色变灰绿色。

发病规律

生菜灰霉病是一种真菌性病害。病菌在病残体或土壤内越冬，主要通过气流传播。温度20~25℃，相对湿度高于94%易发病。保护地栽培放风不及时、通风换气不良、种植密度过大、缺肥缺水、经常大水漫灌发病重。

生菜灰霉病
（图片来源：北京市植物保护站）

防治措施

农业防治：加强肥水管理，培育壮苗，增强抗病力；合理密植；采用小高畦、地膜覆盖和滴灌技术；及时清除病残体，带出棚室外集中销毁；深翻土壤晒田，减少菌源。

化学防治：定植前用65%甲霉灵可湿性粉剂500倍液，或50%多霉灵可湿性粉剂600倍液对棚室土壤、墙壁、棚膜等喷雾，进行棚室消毒；发病初期用50%腐霉利可湿性粉剂1 000倍液、35%异菌·腐霉利悬浮剂或65%甲霉灵可湿性粉剂600倍液等药剂进行叶面喷施，5~7天喷药一次，连续防治2~3次。

生菜菌核病

症状识别

　　该病主要在冷凉季节发生，为害晚秋、冬茬和早春茬种植的生菜，发病初期在茎基部出现浅褐色病斑，之后病斑迅速扩展，通常造成整株腐烂，发病部位有白色棉絮状物（病原物的菌丝体），后期在菌丝体上产生黑色颗粒状菌核，整株呈干枯状。

发病规律

　　生菜菌核病由真菌引起，温度相对较低、高湿病害发生严重，在北京早春茬的生菜发病严重，重茬地易发病。

防治措施

　　农业防治： 控制塑料大棚温湿度，及时放风排湿，尤其要防止夜间棚内湿度迅速升高，或结露时间增长；采用滴灌或暗灌，以降低棚内湿度；在气温较低，特别春季寒流侵袭前，要及时覆膜，或在棚室四周盖草帘，防止植株受冻；菌核病发病严重的地块可进行轮作换茬；田间发现菌核病株及时拔除，带到棚外集中烧毁或深埋。

生菜菌核病后期
（图片来源：李兴红）

　　物理防治： 生物酿热土壤消毒，在7—8月高温季节和保护地空闲时间进行，每亩地施碎稻草500千克、石灰100千克，然后深翻地2尺（1尺≈0.33米，全书同），起高垄1尺，地膜覆盖，最后灌水，使沟里的水呈饱和状态，再密闭大棚15~20天。

　　生物防治： 幼苗保健栽培，苗期采用寡雄腐霉进行诱抗处理，定植前茎叶喷雾2~3次。

　　化学防治： 幼苗保健栽培，苗期采用嘧菌酯进行诱抗处理，定植前茎叶喷雾2~3次；也可进行药剂消毒，用25%多菌灵可湿性粉剂10克/平方米，拌细干土1千克，撒在土表，或耙入土中，然后播种。

生菜菌核病病株
（图片来源：李兴红）

生菜霜霉病

症状识别

幼苗期、成株期均可发病，病害由植株下部向上蔓延，最初叶上出现淡黄色不规则病斑，潮湿时，病斑叶背面长出白色霜霉状物，有时蔓延到叶片正面，后期病斑枯死变为黄褐色并连接成片，导致全叶干枯。

发病规律

生菜霜霉病由真菌引起，发病适宜温度 15~20℃，相对湿度 95% 左右；发病盛期在 3—5 月、9—11 月。连作、种植过密、通风透光差、氮肥施用过多的田块发病重。

防治措施

农业防治： 及时清除病残体；采用高畦、高垄、地膜覆盖栽培，降低田间湿度；适度增加中耕次数，遵循少浇、勤浇原则，加强通风。

化学防治： 发病初期喷施 25% 吡唑醚菌酯乳油 2 500 倍液、50% 烯酰吗啉可湿性粉剂 600 倍液、72.2% 霜霉威水剂 600~800 倍液或 64% 噁霜·锰锌（杀毒矾）可湿性粉剂 600 倍液，每隔 5~7 天一次，喷施 2~3 次。

生菜霜霉病
（图片来源：北京市顺义区植保植检站）

生菜霜霉病
（图片来源：北京市房山区植物保护站）

甜瓜蔓枯病

症状识别

主要为害主蔓和侧蔓，有时也为害叶柄、叶片。叶片受害初期在叶缘出现黄褐色"V"字形病斑，具不明显轮纹，后整个叶片枯死。叶柄受害初期出现黄褐色椭圆形至条形病斑，后病部逐渐缢缩，病部以上枝叶枯死。茎蔓受害开始在近节部呈淡黄色、油浸状斑，稍凹陷，病斑椭圆形至梭形，病部龟裂，并分泌黄褐色胶状物，干燥后呈红褐色或黑色块状。生产后期病部逐渐干枯，凹陷，呈灰白色，表面散生黑色小点。

发病规律

甜瓜蔓枯病由真菌引起。病菌以菌丝体潜伏在病残组织上、土壤中越冬，发育适温20~30℃，最高35℃，最低5℃。在适宜温度范围内，湿度高发病重。5月下旬至6月上中旬降雨次数和降水量与该病发生和流行有关。

防治措施

农业防治：种子消毒，55℃温水浸种20分钟；加强栽培管理，采用滴灌、膜下暗灌，创造较干燥、通风良好的环境条件，并注意合理施肥；与大田作物或非瓜类蔬菜作物轮作3~5年。

化学防治：苗床土壤处理每立方米土用50%的多菌灵可湿性粉剂80~120克，混匀后做育苗土，上盖下垫，可预防该病；发病初期可用40%氟硅唑乳油8 000倍液、75%百菌清可湿性粉剂600倍液、72%嘧菌酯＋苯醚甲环唑1 500倍液、50%甲基托布津可湿性粉剂500倍液，每隔5~7天喷一次，视发病情况可喷施2~3次，或在茎蔓上涂抹药剂。

甜瓜蔓枯病病茎
（图片来源：李兴红）

095

桃褐腐病

症状识别

花：花器受害自雄蕊及花瓣尖端开始，先发生褐色水渍状斑点，后逐渐延至全花，随即变褐而枯萎。天气潮湿时，花瓣迅速腐烂，丛生灰色霉层。新梢：病原菌侵染新梢形成溃疡斑。病斑长圆形，中央稍凹陷，灰褐色，边缘紫褐色，常发生流胶。当溃疡斑扩展环绕新梢一周时，上部枝条即枯死。果实：果实被害最初在果面产生褐色圆形病斑，如环境适宜，病斑在数日内可扩及全果，果肉也随之变褐软腐，继后在病斑表面生出灰褐色绒状霉层，常呈同心轮纹状排列，病果腐烂后失水变成僵果，悬挂枝上经久不落。

桃褐腐病果实受害状
（（图片来源：张国珍）

桃褐腐病果实受害状
（图片来源：北京市延庆区植物保护站）

桃褐腐病树木受害状
（图片来源：北京市延庆区植物保护站）

发病规律

桃褐腐病是一种真菌病害。桃树开花期及幼果期如遇低温多雨，果实成熟期又逢温暖、多云多雾、高湿度的环境条件，发病严重。前期低温潮湿容易引起花腐，后期温暖多雨、多雾则易引起果腐。虫伤有助于病原菌的侵染。树势衰弱，管理不善和地势低洼或枝叶过于茂密，通风透光较差的果园，发病都较重。果实贮运中如遇高温高湿，则适于病害发展。

防治措施

农业防治：结合修剪，做好清园工作，彻底清除僵果、病枝，集中烧毁，同时进行深翻，将地面病残体深埋地下。有条件套袋的果园，可在5月上中旬进行套袋。

化学防治：桃树发芽前喷45%晶体石硫合剂30倍液；落花后10天左右喷施65%代森锌可湿性粉剂500倍液，50%多菌灵1 000倍液；可在花前、花后各喷一次50%腐霉利可湿性粉剂2 000倍液或50%苯菌灵可湿性粉剂1 500倍液。及时喷药防治桃象虫、桃食心虫、桃蛀螟、桃椿象等。

西瓜病毒病

症状识别

西瓜病毒病主要分为花叶和蕨叶两种类型。花叶型主要在叶子上有黄绿相间的斑驳，叶面凹凸不平，蔓顶端节间缩短。蕨叶型（即矮化型）主要表现为新生叶狭长、皱缩、扭曲。病株的花发育不良，难于坐瓜，即使坐瓜也发育不良，会成为畸形瓜。

发病规律

西瓜病毒病可以由种子带病毒传播，也可由蚜虫带毒传播，田间的整枝、打杈等操作也可造成人为传染。春茬西瓜多在中后期发病，以秋茬西瓜受害最重。天气干热、无雨、阳光强烈、蚜虫发生重病害发生重。西瓜植株缺肥，生长势弱，容易感病。

防治措施

农业防治： 多施有机肥，重施基肥，配方施肥，科学灌水，化学调控，培育壮苗，提高抗病能力。选用抗病品种，建立无病毒留种田。

种子消毒： 用70℃温水浸种10分钟可杀死病毒，或浸种3小时的湿籽用0.1%~1.0%的高锰酸钾溶液浸种30分钟。

物理防治： 保护地可覆盖防虫网，在距生长点15~20厘米处挂设黄板，20~30块/亩，减少地上部分的蚜虫媒介传染。

化学防治： 用10%吡虫啉可湿性粉剂1 000倍液或3%啶虫脒乳油1 500倍液喷雾防治；发病初期喷施2%氨基寡糖素，每隔7天喷一次，连续喷2~3次。

西瓜花叶病毒病
（图片来源：北京市大兴区植保植检站）

西瓜猝倒病

症状识别

西瓜种子出苗后、子叶展开而真叶尚未抽出时,在近地表的茎基部呈现出水浸状,病部变黄缢缩、子叶尚未凋萎,幼苗出现倒伏;拔出根部,表皮腐烂,根部褐色。湿度大时,病部及病株附近长出白色棉絮状菌丝。苗床先形成发病中心,条件适宜时,迅速蔓延,造成成片猝倒。

发病规律

西瓜猝倒病是真菌性病害,由一种腐霉菌引起,病菌可以在土壤中长期存活,土壤温度低、湿度大易于病菌的生长和繁殖,不利于瓜苗生长。土壤温度 10~15℃ 时,病菌繁殖最快。播种过密、低温潮湿、光照弱导致发病重。

西瓜猝倒病

(图片来源:北京市大兴区植保植检站)

防治措施

农业防治:加强苗床管理,肥料要充分腐熟,播种要均匀,不宜过密,覆土不宜过厚,有条件的采用营养钵或穴盘育苗。

化学防治:①种子处理,播种前,将西瓜种子用 62.5 克/升精甲·咯菌腈悬浮种衣剂按药种比 1:(250~300)均匀包衣,既可防猝倒病,也可防立枯病、炭疽病。②自配基质在播种前每立方米营养土均匀拌入 70% 噁霉灵可湿性粉剂 35 克或 54.5% 噁霉·福可湿性粉剂 10 克,能有效预防猝倒病。③若在苗床上发现少数病苗,在拔除病苗后及时喷淋药剂进行防治。用药后苗床湿度太大,可撒些细干土或草木灰以降低湿度。可喷淋 72.2% 霜霉威水剂 600 倍液、3% 噁霉·甲霜水剂 600 倍液、72% 霜脲·锰锌水分散颗粒剂 1 000 倍液、15% 噁霉灵水剂 500 倍液等,交替喷雾,隔 6~7 天一次,连续防治 2~3 次。

西瓜猝倒病

(图片来源:北京市大兴区植保植检站)

西瓜枯萎病

症状识别

枯萎病的典型症状是萎蔫，主要发生在成株期。发病初期，病株表现为叶片从下向上逐渐萎蔫，似缺水状，中午尤为明显，但在早晚尚可恢复，几天后整株叶片枯萎下垂，不再恢复常态。如将病茎纵切，其维管束呈褐色，在潮湿环境下，病部表面着生白色或粉红色霉层。

西瓜枯萎病病株
（图片来源：北京市大兴区植保植检站）

发病规律

西瓜枯萎病是一种真菌病害，通过土壤、种子传播，病菌也可随病残体在土壤和未腐熟的粪肥中越冬，成为第二年的初侵染来源，从根部伤口或根毛顶端细胞间侵入，发病的轻重取决于当年初浸染的菌量。秧苗老化、连作地、土壤黏重、干湿交替明显、酸性土等条件发病重。病害发生的最适温度24~32℃。损失大小与病菌侵染早晚有关，侵染越早，造成损失越大。

西瓜枯萎病维管束
（图片来源：北京市大兴区植保植检站）

防治措施

选用抗病品种： 因地制宜选种当地适合的抗病品种。

农业防治： 嫁接技术是目前西瓜种植中防治该病的主要方法，选择适宜的南瓜或葫芦作砧木，选种品种作接穗，采用插接、贴接或靠接法进行嫁接。选用无病新土或消毒的营养基质在营养钵或育苗盘中育苗；定植时不伤根；选择5年以上未种过瓜的土壤种植，或进行轮作；加强栽培管理，合理密植，增施有机肥，结瓜期应分期施肥，切忌用未腐熟的人粪尿追肥，避免大水漫灌，适当多中耕。

生物防治： 施底肥时每亩使用100亿个/克枯草芽孢杆菌可湿性粉剂1千克进行预防。

化学防治： ①种子消毒。用40%甲醛150倍液浸种1~2小时后冲洗晾干，同时用辛硫磷颗粒剂防治地下害虫。②苗床消毒。每平方米苗床用50%多菌灵可湿性粉剂8克处理畦面。③土壤处理。用50%多菌灵可湿性粉剂每亩2~4千克，混入细土，拌匀后施于定制穴内。④药剂灌根。田间零星发病时，用50%多菌灵可湿性粉剂600倍液或高锰酸钾1 300倍液灌根，隔10天后再灌一次，连续防治2~3次。使用多菌灵的采收前10天停止用药。

西瓜炭疽病

症状识别

主要为害叶片和瓜。叶片染病时，病斑圆形，浅灰色，病斑边缘水浸状，后期表现为深褐色圆形或不规则形斑点，有时出现轮纹，干燥时病斑易破碎穿孔。瓜染病时，初为水浸状凹陷形褐色圆斑或长圆形斑，常龟裂，湿度大时斑上产生粉红色黏状物。

发病规律

西瓜炭疽病由真菌引起。病菌随病残体、种子、风雨及农事活动进行传播。发病最适温度为22~27℃，相对湿度在87%~95%时发病较快；10℃以下或30℃以上、相对湿度降至54%以下时，则不发病。

防治措施

农业防治：苗床土消毒，减少侵染源；覆盖地膜并要加强通风调气，降低室内空气湿度至70%以下。

化学防治：发现病害时，及时喷洒50%咪鲜胺可湿性粉剂1 500倍液、25%吡唑嘧菌酯乳油2 500倍液、40%氟硅唑8 000倍液或25%苯醚甲环唑水分散粒剂2 500倍液。每隔7天喷药一次，连喷2~3次，轮流交替使用。

西瓜炭疽病病叶

（图片来源：北京市顺义区植保植检站）

西瓜炭疽病病瓜

（图片来源：北京市顺义区植保植检站）

西瓜疫病

症状识别

叶片、茎蔓、果实均可受害。发病初期叶片出现水渍状暗绿色斑，遇到下雨或潮湿天气，病斑扩展快，凹陷缢缩，呈水烫状腐烂。果实接触地面处易发病，初期为暗绿色水渍状圆形斑，之后病斑扩大连片，病斑变褐湿腐，病部逐渐产生密集的白色霉状物，后期果实变形、腐败。

发病规律

西瓜疫病是真菌性病害。病菌在土壤中存活，通过灌溉水和雨水传播，遇高温高湿条件2~3天出现病斑，病菌生长发育适温28~32℃，气温高的年份病害发生重。一般进入雨季开始发病，遇有大暴雨易造成病害流行。生产上与瓜类作物连作，采用平畦栽培易发病，长期大水漫灌，浇水次数多，水量大，则发病重。

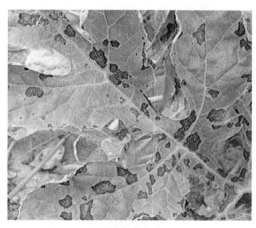

西瓜疫病病叶
（图片来源：北京市大兴区植保植检站）

防治措施

农业防治：实行轮作；选用抗病品种；配方施肥，提高抗病力；采用耕作深翻和高垄栽培覆盖塑料薄膜，暴雨后要注意及时排出积水。

物理防治：种子消毒，用55℃温水浸种15分钟。

化学防治：在发病初期可用72%霜脲·锰锌可湿性粉剂800倍液或69%烯酰·锰锌可湿性粉剂800~1 000倍液进行喷雾防治，也可用68.75%的氟菌·霜霉威60~75毫升/亩对水均匀喷雾，5~7天一次，连续防治2~3次。

西瓜疫病病茎
（图片来源：北京市大兴区植保植检站）

西葫芦白粉病

症状识别

　　苗期至收获期均可染病，以生长中后期受害最为严重。主要为害叶片、叶柄和茎蔓。叶片发病初期，在中下部叶片产生白色粉状小圆斑，后逐渐扩大为不规则的较大粉斑，随病情发展，病斑可连接成片，布满整个叶片。叶片受害部分逐渐发黄，后期病斑上产生许多黑褐色小粒点。发生严重时，病叶变为褐色而枯死。

发病规律

　　西葫芦白粉病由真菌引起，病菌借气流传播。种植过密、通风不良、氮肥施用过多、田间郁闭发病较重。

防治措施

　　农业防治：优先选用抗病品种，目前从国外引进的品种多表现不太抗病，需引起注意，国内长蔓西葫芦、阿太一代、早春1号较抗病；培育壮苗，施足底肥，增施磷肥、钾肥，避免后期脱肥；注意生长期通风透光，保护地提倡使用硫黄熏蒸定期预防；棚室消毒，定植前对棚室进行消毒，用硫黄或百菌清烟剂进行熏蒸，或高温闷棚。

　　化学防治：初期可用75%肟菌·戊唑醇水分散粒剂（拿敌稳）15克/亩、42.4%氟唑菌酰胺·吡唑嘧菌酯（健达）悬浮剂1 000~1 500倍液、42.8%氟吡菌酰胺·肟菌酯（露娜森）10克/亩、25%吡唑嘧菌酯乳油2 500倍液或10%苯醚甲环唑（世高）水分散粒剂83克/亩，每隔5~7天喷一次，注意轮换用药。

西葫芦白粉病病叶正面
（图片来源：李兴红）

西葫芦白粉病病叶背面
（图片来源：北京市植物保护站）

油麦菜霜霉病

症状识别

此病全生育期均可发生，以成株期受害严重，主要侵染叶片，由植株外叶向心叶蔓延，初期叶片上产生淡黄色近圆形或多角形病斑，潮湿时叶片背面的病斑长出白色霉状物，有时白色霉状物可蔓延到叶片的正面，后期病斑枯死变为黄褐色并连接成片，短期内使全叶干枯。

发病规律

油麦菜霜霉病由真菌引起，病菌可通过气流、浇水、农事活动传播，田间种植过密、定植后浇水

油麦菜霜霉病
（图片来源：北京市植物保护站）

过早和过大、田间积水、空气湿度高、夜间结露时间长或连续阴雨，有利于该病发生。

防治措施

农业防治：选用抗病品种；彻底清除病残落叶集中妥善处理；沤肥必须经过高温发酵灭菌；加强栽培管理，合理密植，浇小水，严禁大水漫灌，注意及时排水，降低田间湿度，有条件的可采用滴灌栽培技术；收获后清洁田园；实行2~3年轮作。

化学防治：发病初期选用25%吡唑嘧菌酯乳油2 500倍液、50%烯酰吗啉可湿性粉剂1 500倍液、72.2%普力克水剂800倍液或72%霜脲锰锌可湿性粉剂800倍液喷雾防治，每5~7天一次，连续防治3次。

玉米大斑病

症状识别

玉米大斑病主要为害玉米的叶片、叶鞘和苞叶。叶片染病先出现水渍状青灰色斑点，然后沿叶脉向两端纵向扩展，形成边缘暗褐色、中央淡褐色或青灰色的梭形大斑，后期病斑常纵裂。严重时病斑融合，叶片变黄枯死。潮湿时病斑上有大量灰黑色霉层。下部叶片先发病。在单基因的抗病品种上表现为褪绿病斑，病斑较小，与叶脉平行，黄绿或淡褐色，周围暗褐色。

发病规律

玉米大斑病是一种真菌病害。病原菌以菌丝或分生孢子在病残体上越冬，成为翌年初侵染源，种子也能带少量病菌。借气流传播进行再侵染。玉米大斑病的流行除与玉米品种感病程度有关外，还与当时的环境条件关系密切。温度20~25℃、相对湿度90%以上利于病害发展。在春玉米区，从拔节到出穗期间，气温适宜，又遇连续阴雨天，病害发展迅速，易大流行。玉米孕穗、出穗期间氮肥不足发病较重。低洼地、密度过大、连作地易发病。

玉米大斑病
（图片来源：张国珍）

玉米大斑病
（图片来源：北京市顺义区植保植检站）

防治措施

农业防治：因地制宜选用抗病杂交种或品种，如掖单 4 号、农大 60、农大 3138 等；适期早播，避开病害发生高峰；施足基肥，增施磷钾肥；做好中耕除草培土工作，摘除底部 2~3 片叶，降低田间相对湿度，使植株健壮，提高抗病力；玉米收获后，清洁田园，将秸秆集中处理，经高温发酵用作堆肥；实行轮作。

化学防治：在心叶末期到抽雄期或发病初期喷洒50% 多菌灵可湿性粉剂 500 倍液、50% 甲基硫菌灵可湿性粉剂 600 倍液、75% 百菌清可湿性粉剂 800 倍液、25% 苯菌灵乳油 800 倍液或农用抗菌素 120 水剂 200 倍液，隔 10 天防治一次，连续防治 2~3 次。

玉米纹枯病

症状识别

玉米纹枯病为害玉米近地面几节的叶鞘和茎秆，引起茎基腐，严重时引起下部果穗受害。发病初期多在基部 1~2 茎节叶鞘上产生暗绿色水渍状病斑，后扩展融合成不规则形或云纹状大病斑。病斑中部灰褐色，边缘深褐色，由下向上蔓延。穗苞叶染病也产生同样的云纹状斑。严重时根茎基部组织变为灰白色，次生根黄褐色或腐烂。多雨、高湿持续时间长时，病部长出白色菌丝体和小菌核。

玉米纹枯病
（图片来源：董金皋）

发病规律

玉米纹枯病是一种真菌病害。病菌以菌丝和菌核在病残体或土壤中越冬。翌春条件适宜，菌核萌发产生菌丝侵入寄主，并在病组织附近不断扩展。播种过密、施氮过多、湿度大、连阴雨多易发病。主要发病期在玉米扬花至灌浆期。

玉米纹枯病
（图片来源：董金皋）

防治措施

农业防治：选用耐病品种；降低田间湿度；避免种植过密和氮肥施用过量；做好中耕除草，做好排水；玉米收获后清除病残株，减少越冬菌源。

化学防治：在发病初期（玉米拔节时），用 20% 井冈霉素可溶性粉剂、43% 戊唑醇悬浮剂、75% 肟菌·戊唑醇水分散粒剂、40% 苯甲·丙环唑乳油或水分散粒剂、32.5% 苯甲·嘧菌酯悬浮剂或 5% 己唑醇悬浮剂等进行喷雾防治，重点喷施茎秆中下部，5~7 天后再用药一次。

玉米纹枯病
（图片来源：董金皋）

玉米小斑病

症状识别

玉米整个生育期均可发病，但以抽雄、灌浆期发生较多。主要为害叶片，有时也可为害叶鞘、苞叶和果穗。发病初期在叶面上产生两端钝圆中间平行的小病斑。病斑多时融合在一起，叶片迅速死亡。在感病品种上，病斑为椭圆形，较大，不受叶脉限制，灰色至黄褐色，病斑边缘褐色或边缘不明显，后期略有轮纹。天气潮湿时，病斑上生出暗黑色霉层。此病发病时间比大斑病稍早。

发病规律

玉米小斑病是一种真菌病害。主要以菌丝体和分生孢子在病残体上越冬，成为翌年发病初侵染源。分生孢子借风雨、气流传播，在病株上产生分生孢子进行再侵染。发病适宜温度 26~29℃。遇充足水分或高温条件，病情迅速扩展。玉米孕穗期与抽穗期降水多、湿度高，容易造成小斑病的流行。低洼地、过于密植阴蔽地、连作田发病较重。

防治措施

农业防治：因地制宜选种抗病杂交种或品种，如掖单 2 号、掖单 3 号、掖单 4 号、农大 60、农大 3138 等。加强农业防治，清洁田园，深翻土地，控制菌源；摘除下部老叶、病叶，减少再侵染菌源；降低田间湿度；增施磷肥、钾肥，加强田间管理，增强植株抗病力。

玉米小斑病
（图片来源：张国珍）

化学防治：发病初期喷洒 75% 百菌清可湿性粉剂 800 倍液、70% 甲基硫菌灵可湿性粉剂 600 倍液或 50% 多菌灵可湿性粉剂 600 倍液，间隔 7~10 天一次，连续防治 2~3 次。

下篇
虫害防治实用技术

斑潜蝇

斑潜蝇幼虫和蛹
（图片来源：北京市延庆区植物保护站）

斑潜蝇成虫
（图片来源：石宝才）

斑潜蝇为害状
（图片来源：北京市密云区植保植检站）

害虫识别与为害特点

斑潜蝇成虫体长 1.3~2.3 毫米，淡灰黑色；卵产在植物叶片内；幼虫乳白至金黄色，蛆状，最长可达 3 毫米。主要以幼虫钻蛀叶片为害作物，形成弯曲隧道状蛀道，蛀道多为白色，后期变为铁锈色，严重时叶片在短期内被钻花干枯。

发生规律

斑潜蝇是蔬菜上常见的害虫，在北京地区每年发生 8~9 代，冬季露地不能越冬。成虫取食、产卵主要集中在中上部叶片，幼虫主要分布在中部叶片，蛹在土壤中也有分布。温度对斑潜蝇影响较大，温度越高斑潜蝇化蛹越早，湿度对幼虫影响较小，强降水对成虫影响较大，高湿和干旱对化蛹不利。

防治措施

农业措施： 种植前深耕土壤，害虫发生期增加中耕和浇水；收获完毕，及时清除田间植株和杂草，并高温闷棚。

物理防治： 悬挂黄板，诱杀成虫。

生物防治： 保护自然天敌，如西伯利亚离颚茧蜂、豌豆潜叶蝇姬小蜂。可喷施 6% 乙基多杀菌素 20 毫升 / 亩、1.8% 阿维菌素乳油 2 500~3 000 倍液，可交替施药 2~3 次，每次用药间隔 7~10 天。

化学防治： 可喷施 75% 环丙氨嗪可湿性粉剂 3 500~5 000 倍液，喷雾防治。防治成虫喷药宜在早晨或傍晚进行，防治幼虫宜在低龄期施药。

菜青虫

害虫识别与为害特点

菜青虫幼虫主要为害甘蓝、芥菜、花椰菜、白菜、油菜、萝卜等十字花科蔬菜。以幼虫咬食叶片，小的幼虫仅啃食叶肉，留下一层透明表皮，随着幼虫生长，食量增加，把叶片吃成孔洞或缺刻，严重时叶片全部被吃光，只残留粗叶脉和叶柄。

发生规律

菜青虫成虫（又称菜粉蝶、白蝴蝶）白天活动，以晴天中午活动最盛，寿命2~5周。成虫一般只选择十字花科植物产卵，卵多产于叶片背面，也可产在叶片正面，散产。老熟幼虫多在中上部叶片背面化蛹。菜青虫在为害作物的同时排出大量粪便，污染菜叶和菜心，使蔬菜品质降低，且虫伤又为病害提供了入侵途径，加速全株死亡。

菜青虫卵
（图片来源：北京市延庆区植物保护站）

防治措施

农业防治：尽量避免十字花科蔬菜周年连作、套栽，切断虫源；收获后及时清除和处理残株败叶，消灭残存虫源；人工捕捉，成虫可用网捕，卵、幼虫和蛹可在农事操作时抹除。

生物防治：注意天敌的自然控制作用，要保护自然天敌，也可人工释放天敌，如赤眼蜂1万头/亩；低龄幼虫发生初期可喷洒Bt（苏云金杆菌）800~1 000倍液或菜青虫颗粒体病毒20幼虫单位/亩。

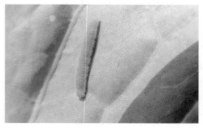
菜青虫幼虫
（图片来源：北京市延庆区植物保护站）

化学防治：由于菜青虫世代重叠现象严重，3龄以后的幼虫食量加大、耐药性增强。因此，施药应在幼虫1~2龄盛期，可选用5%氯虫苯甲酰胺悬浮剂7 000~10 000倍液、1.8%阿维菌素乳油1 000~1 500倍液或2.5%乙基多杀菌素乳油1 000倍液进行一次喷雾。注意，配制药液时应加入展着剂，于早晨或傍晚施药，喷匀喷施；轮换用药，避免产生抗药性。

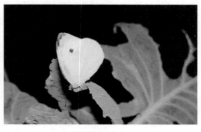
菜青虫成虫
（图片来源：北京市延庆区植物保护站）

茶黄螨

害虫识别与为害特点

主要为害瓜类、茄果类、豆类作物。以成螨和幼螨群集作物幼嫩部位刺吸为害。受害初期，叶片变形、发脆，叶背发亮，中期叶缘卷曲、褪绿变褐，后期扭曲畸形，茎、枝僵硬直立，最后突尖，常被误诊为病毒病或生理性病害。茄子果实受害后，果柄、萼片及果皮变为黄褐色，失去光泽，木栓化，最终导致果皮龟裂，呈开花馒头状，种子外露。

发生规律

温暖多湿的环境有利于茶黄螨的发生，最适条件为 16~23 ℃，相对湿度 80%~90%，主要靠爬行、风力、农事操作等传播蔓延。幼螨喜温暖潮湿的环境条件。成螨较活跃，有向植株上部幼嫩部位转移的习性，有强烈的"趋嫩性"。露地主要在 8—9 月为害，保护地如条件适宜可周年发生。

防治措施

农业防治：及时清除杂草及枯枝落叶，以消灭其中的茶黄螨。

化学防治：茶黄螨生活周期短，繁殖力强，应注意早期防治，可选用 1.8% 阿维菌素 1 500 倍液、5% 唑螨酯 2 000~2 500 倍液或 10% 复方浏阳霉素乳油 1 000 倍液防治。注意茶黄螨极易产生抗药性，建议加入展着剂，重点喷施植株幼嫩部位，也可用上述药液涮头（晴天时将植株生长点置于对好的药剂中浸蘸），并注意轮换交替用药。

茄子受害状

（图片来源：北京市顺义区植保植检站）

豆角受害状

（图片来源：北京市平谷镇兴农植物诊所）

豆荚螟

害虫识别与为害特点

　　豆荚螟属于鳞翅目螟蛾科。成虫体长 10~12 毫米，翅展 20~24 毫米，体灰褐色或暗黄褐色。前翅狭长，沿前缘有一条白色纵带，近翅基 1/3 处有一条金黄色宽横带。老熟幼虫体长 14~18 毫米，初孵幼虫为淡黄色，以后为灰绿直至紫红色，幼虫前胸背板近前缘中央有"人"字形黑斑，两侧各有 1 个黑斑，后缘中央有 2 个小黑斑。蛹体长 9~10 毫米，黄褐色，蛹外包有白色丝质的椭圆形茧。豆荚螟以幼虫为害，先在植株上部，渐至下部，一般以上部幼虫分布最多。幼虫在豆荚内蛀食豆粒，一般从荚中部蛀入。轻则蛀成缺刻，重则蛀空，仅剩种子柄，被害籽粒还充满虫粪，变褐以致霉烂。

豆荚螟幼虫
（图片来源：石宝才）

发生规律

　　豆荚螟喜干燥，北京地区 7—9 月干旱少雨时发生严重。在适温条件下，湿度对其发生的轻重有很大影响，雨量多湿度大则虫口少，雨量少湿度低则虫口大。

防治措施

　　农业防治：及时清除田间落花、落荚，并摘除被害的卷叶和豆荚，减少虫源。

　　物理防治：架设黑光灯，诱杀成虫。

　　生物防治：注意天敌的自然控制作用，要保护自然天敌，也可人工释放天敌，如赤眼蜂，每亩 1 万头。

　　化学防治：从现蕾开始，采用 6% 乙基多杀菌素 20 毫升 / 亩进行叶面喷施，或 0.5% 甲氨基阿维菌素苯甲酸盐微乳剂 2 000 倍液，每 10 天喷蕾、花各一次。

豆荚螟成虫
（图片来源：石宝才）

甘蓝夜蛾

害虫识别与为害特点

甘蓝夜蛾以幼虫为害作物的叶片，初孵化的幼虫啃食叶片，残留表皮。大的幼虫白天潜伏在叶片下，以及菜心、地表或根周围的土壤中，夜间出来活动，形成暴食。严重时，能把叶肉吃光，仅剩叶脉和叶柄。幼虫钻入叶球留下粪便，污染叶球，易引起腐烂，并容易引起其他病害的发生。

发生规律

甘蓝夜蛾是一种杂食性害虫，主要为害十字花科、豆科、茄科、葫芦科、藜科等100多种蔬菜，在华北地区每年发生3代，以蛹在土中越冬。集中产卵，卵成块产在叶背、单层，每块数十到数百甚至上千粒，一头雌蛾一生可产1 000~2 000粒卵，初孵幼虫集中在产卵的叶片上啃食为害，受害叶片形成千疮百孔的症状，田间症状明显，极易发现，是摘除防治最佳时期。

防治措施

农业防治：由于其集中产卵，低龄幼虫亦集中为害，可人工摘除受害叶片；认真耕翻土地，消灭部分越冬蛹，及时清除杂草和老叶，创造通风透光良好环境，以减少卵量。

物理防治：田间设置杀虫灯。

生物防治：田间发现少量卵块开始释放赤眼蜂，每亩6~8个放蜂点，每次释放量为8 000~10 000头，每隔15天释放一次。

化学防治：低龄幼虫抗药力差，可在低龄幼虫高发期选用20%灭幼脲3号胶悬剂1 000倍液、1.8%阿维菌素乳油1 000~1 500倍液或2%甲氨基阿维菌素苯甲酸盐30克/亩药剂喷雾，注意轮换用药，避免产生抗药性。

甘蓝夜蛾卵
（图片来源：北京市延庆区植物保护站）

甘蓝夜蛾蛹
（图片来源：石宝才）

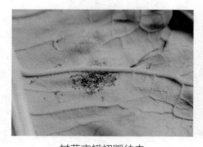

甘蓝夜蛾初孵幼虫
（图片来源：北京市延庆区植物保护站）

菇蚊蝇

　　菇蚊：幼虫头黑色，体白色或乳白色，透明；成虫有单眼 2 个，复眼大。菇蚊的成虫具有较强的趋化性和趋光性。幼虫孵化出来后取食食用菌菌丝或培养料中的某些成分，并导致培养料发黑、变疏松、下陷；受幼虫为害重的菌袋或菌床菌丝生长不好、不能生长或出现退菌现象，出菇时间延迟；受害严重的则不能出菇。特别是在双孢菇、平菇、茶树菇、秀珍菇等菇种生产中发生较重。

　　菇蝇：通常成虫头大，复眼发达，离眼式，体淡褐色或黑色，触角很短；幼虫白色，为头尖尾钝的蛆，卵黄白色或淡白色。成虫和幼虫都喜欢取食潮湿、腐烂、发臭的食物，有较强的趋化性和趋腐性。

发生规律

　　此类害虫夏秋季为害严重，以幼虫咬食菌丝体、原基和菇体，造成退菌、原基消

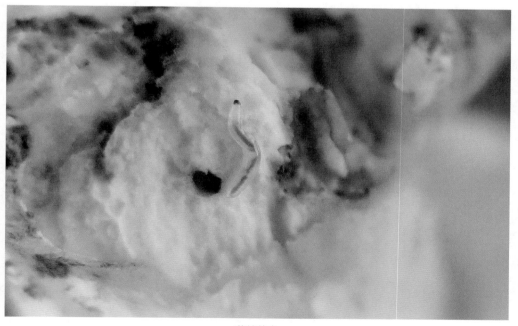

菇蚊幼虫

（图片来源：北京市植物保护站）

菇蚊成虫

（图片来源：北京市植物保护站）

失、菇蕾萎缩、缺刻和菌菇体孔洞等为害状，产生的粪便同样会污染培养料，被害菇变褐后呈革质状，且幼虫造成的伤口容易被病菌感染而腐烂。菇蚊蝇成虫不直接取食为害食用菌，但体上携带螨虫和病菌，随成虫的活动传播，造成多种病虫同时发生为害，对食用菌产量和质量造成很大损失。

防治措施

农业防治：注意菇场及周边的环境卫生，消除虫源；及时清除废料、收获后的菇根、烂菇等，严禁堆放在菇房周围，可将其堆沤后做废料。

物理防治：可用物理阻隔，防止成虫飞入菇房，菇房门口、窗口、通风口安装40目或40目以上的防虫网，把菇蚊蝇成虫阻挡在菇房外，避免其发生和为害；利用菇蚊蝇成虫的趋光性，在菇房内安装菇蚊蝇诱虫灯或悬挂黄板，监测并杀灭成虫。

生物防治：选用0.3%印楝素乳油1 000倍液，或Bti（苏云金芽孢杆菌以色列变种）（4 000国际单位／毫克）粉剂15克／平方米处理培养料或覆土。应严格执行安全间隔期，且用药应在菇体采摘后进行，以免造成药害或残留超标。

化学防治：生产结束后或开始前，选用敌敌畏等烟剂进行棚室熏烟灭虫或者喷洒杀虫剂杀虫，减少虫源，确保生产环境安全。

红蜘蛛

害虫识别与为害特点

　　为害蔬菜的红蜘蛛种类主要为二斑叶螨。雌成螨深红色，体两侧有黑斑，椭圆形。越冬卵红色，非越冬卵淡黄色较少。越冬代幼螨红色，非越冬代幼螨黄色。越冬代若螨红色，非越冬代若螨黄色，体两侧有黑斑。成螨、幼螨、若螨在叶背吸食汁液，并结网。初期叶面出现零星褪绿斑点，严重时遍布白色小点，严重时叶片焦枯脱落，造成植株早衰。

红蜘蛛成虫
（图片来源：北京市密云区植保植检站）

发生规律

　　幼螨和前期若螨不甚活动，后期若螨则活泼贪食，有向上爬的习性。先为害下部叶片，而后向上蔓延。高温干旱最有利于红蜘蛛发生，长期高湿条件难以存活。

防治措施

　　农业防治： 清除田间杂草，消灭越冬虫源；及时打掉下部老叶虫叶，带出田外集中销毁。

红蜘蛛为害状
（图片来源：北京市密云区植保植检站）

　　物理防治： 空棚、倒茬或定植前采取高温闷棚。

　　生物防治： 发生初期利用天敌控制红蜘蛛种群数量，田间释放巴氏钝绥螨 50~150 头 / 平方米，或智利小植绥螨 3~6 头 / 平方米。

　　化学防治： 发生初期使用，可选用 43% 联苯肼酯（爱卡螨）悬浮剂 2 000~3 000 倍液、8% 阿维·哒乳油 1 500 倍液、5% 噻螨酮乳油 1 500 倍液或 1.8% 阿维菌素 2 000~3 000 倍液进行喷雾，7 天防治一次，药剂交替使用效果更好。

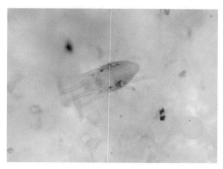
二斑叶螨（显微镜下形态）
（图片来源：北京市延庆区植物保护站）

韭菜迟眼蕈蚊（韭菜根蛆）

韭蛆幼虫
（图片来源：北京市植物保护站）

韭蛆成虫
（图片来源：北京市植物保护站）

韭蛆为害韭菜
（图片来源：北京市植物保护站）

害虫识别与为害特点

韭菜根蛆简称韭蛆，学名为韭菜迟眼蕈蚊。成虫是一种黑色的小蚊子，体长约2.5毫米。成虫产卵于韭菜根茎周围的土壤内，孵化的幼虫为蛆，是为害韭菜的虫态。韭蛆聚集、钻蛀韭菜地下部的鳞茎和柔嫩的茎部为害，引起幼茎腐烂，使韭菜叶片枯黄，严重时导致整株、整墩韭菜死亡。

发生规律

韭蛆成虫喜欢阴湿，怕光怕干，能飞善走，常栖息在韭菜根周围的土壤缝隙间。幼虫多分布于距地面2~3厘米的土中，最深不超过6厘米。北京地区露地韭菜4月下旬至5月上旬、9月下旬至10月上旬是防治关键时期，设施韭菜在秋季盖膜前是防治关键时期。

防治措施

农业防治：轮作倒茬，适当加大行宽，搂土降湿，晒土晒根。

物理防治：成虫发生期，保护地可用60目防虫网隔离成虫，在棚室内每隔20~25米的位置放置黄板一张，并及时更新。

生物防治：4月底及10月初，使用白僵菌或蕊玛昆虫病原线虫稀释成母液浇灌韭菜田，土壤温度控制在15℃以上，可有效控制韭蛆为害。

化学防治：幼虫发生初期，可用2%吡虫啉颗粒剂1 000~1 500克混土撒施，也可用70%辛硫磷乳油350~550毫升或50克/升氟啶脲乳油200~300克对水灌根。

彩椒蓟马

彩椒受害后，初期症状不明显，为害严重时，常引起叶片卷曲、褪绿，叶片正面形成黄褐色斑块，边缘不明显，背面有褐色齿痕及疮疤，并有银光；果实受害后，在果实表面形成具有银光的白色齿痕及疮疤（光亮的果实表面长了一层皱）。

发生规律

蓟马是彩椒上的主要害虫之一。该虫以锉吸式口器取食植物的茎、叶、花、果，导致花瓣褪色、叶片皱缩，叶片、茎及果易形成伤疤，影响果实的经济价值，同时还能传播包括番茄斑萎病毒在内的多种病毒。温暖干旱的天气易于发生。在北京地区日光温室周年发生，并在其中繁殖越冬，一般15~20代/年；春秋棚6月初发生，一直到收获。

防治措施

农业防治：清除菜田及周围杂草，减少越冬虫口基数。干旱时发生较重，因此保证植物得到良好的灌溉就可减少为害。

物理防治：采取蓝色或黄色诱虫板对蓟马进行诱集，效果较好。每亩挂20~30块，色板下边距植株顶端15~20厘米，并随作物生长而提升。

彩椒蓟马
（图片来源：北京市延庆区植物保护站）

生物防治：释放黄瓜新小绥螨20 000头/亩，每月一次，可有效控制为害。注意释放前7天、释放期间不得使用农药。

化学防治：虫量较低时，使用2%甲维盐乳油20~30克/亩、1.8%阿维菌素乳油60毫升/亩；发生严重时，可使用6%乙基多杀菌素20毫升/亩进行叶面喷施。使用农药时，一要注意不同的农药交替使用以削弱其抗药性，二要注意喷施时除植株要喷匀外，地面也要喷施药剂，因为有部分老熟幼虫在土壤中化蛹。

蓟马为害彩椒叶片状
（图片来源：北京市植物保护站）

葱蓟马

害虫识别与为害特点

主要为害大葱、韭菜、洋葱、大蒜等作物，雌成虫体长 1.5 毫米，深褐色，成虫、若虫为害心叶，前期出现小白点，大蒜、韭菜受害严重时叶片扭曲，大葱、洋葱受害严重时叶片发白干枯。

发生规律

北京地区 5 月下旬至 6 月中旬、7 月下旬至 8 月上旬进入为害盛期。高温干旱易于发生为害。久雨或暴雨，相对湿度 70% 以上可抑制蓟马发生为害。成虫、若虫主要在心叶、嫩叶夹缝处为害。

葱蓟马为害状
（图片来源：北京市顺义区植保植检站）

葱蓟马为害状
（图片来源：大兴庞各庄世同植物诊所）

防治措施

农业防治：清除菜田及周围杂草，减少越冬虫口基数。干旱时发生较重，因此保证植物得到良好的灌溉就可减少为害。

物理防治：采取蓝色或黄色诱虫板对蓟马进行诱集，效果较好，每亩挂 20~30 块，色板下边距植株顶端 15~20 厘米，并随作物生长而提升。

生物防治：利用天敌捕食螨可有效控制蓟马的数量。如在温室中发现蓟马，及时释放巴氏钝绥螨或黄瓜新小绥螨 20 000 头 / 亩，每月一次，可有效控制为害，注意释放前 7 天、释放期间不得使用农药。

化学防治：虫量较低时，使用 2% 甲维盐乳油 20~30 克 / 亩或 1.8% 阿维菌素乳油 60 毫升 / 亩，发生严重时，可使用 6% 乙基多杀菌素 20 毫升 / 亩进行叶面喷施。使用农药时，一要注意不同的农药交替使用以削弱其抗药性；二要注意喷施时除植株要喷匀外，地面也要喷施药剂，因为有部分老熟幼虫在土壤中化蛹。

架豆蓟马

害虫识别与为害特点

植株受害后，为害轻时叶片出现褪绿色黄斑，边缘不明显，为害严重时，常引起叶片卷曲、褪绿，叶片正面或背面形成黄白色或浅褐色斑点，并有银光，边缘明显，仔细观察叶片可见黑色小颗粒状虫粪。

发生规律

蓟马是架豆上的主要害虫之一，该虫以锉吸式口器取食植物的叶、花、豆角，导致叶片褪绿皱缩，豆角形成斑点，影响经济价值，受害严重时，叶片上的斑点连片，叶片干枯，植株矮小。部分老熟幼虫在土壤中化蛹。高温干旱的天气有利于发生。

防治措施

农业防治：清除菜田及周围杂草，减少越冬虫口基数；干旱时发生较重，因此保证植物得到良好的灌溉就可减少为害；及时摘除虫叶，带出田外集中销毁。

物理防治：采取蓝色或黄色诱虫板对蓟马进行诱集，效果较好，每亩挂 20~30 块，色板下边距植株顶端 15~20 厘米，并随作物生长而提升。

生物防治：利用天敌捕食螨可有效控制蓟马数量。如在温室中发现蓟马，及时释放巴氏钝绥螨或黄瓜新小绥螨 20 000 头 / 亩，每月一次，可有效控制为害。注意释放前 7 天、释放期间不得使用农药。

化学防治：虫量较低时，使用 2% 甲维盐乳油 20~30 克 / 亩或 1.8% 阿维菌素乳油 60 毫升 / 亩，发生严重时，可使用 6% 乙基多杀菌素 20 毫升 / 亩进行叶面喷施。使用农药时，一要注意不同的农药交替使用以削弱其抗药性，二要注意喷施时除植株要喷匀外，地面也要喷施药剂，因为有部分老熟幼虫在土壤中化蛹。

架豆蓟马

（图片来源：北京市延庆区植物保护站）

架豆蓟马为害状

（图片来源：北京市延庆区植物保护站）

韭菜蓟马

韭菜蓟马为害叶片
（图片来源：北京市植物保护站）

害虫识别与为害特点

蓟马是韭菜上的主要害虫，蓟马的成虫和若虫锉吸为害叶片，形成许多细密而长形的灰白色斑点，严重时造成叶枯黄。体长1.2~1.4毫米，体色自浅黄色至深褐色不等。

发生规律

保护地和露地均可发生，一般5—6月、9—10月发生严重。高温干旱条件易于大量繁殖为害。

防治措施

农业防治： 及时清洁田园，加强田间管理，促使植株生长健壮，减轻为害。

物理防治： 利用蓟马对蓝色有趋性特点，在田间设置蓝色粘板，诱杀成虫，粘板高度不高于作物10~20厘米；前茬收割伤口愈合后的晴天上午覆盖地膜至温度40~45℃保持2小时，可杀死蓟马。

生物防治： 保护利用小花蝽、捕食螨、寄生蜂等天敌昆虫可有效控制蓟马的种群数量。

化学防治： 利用蓟马怕强光和取食植物幼嫩叶片的特点，选择在前茬收割伤口愈合后，早晨和傍晚喷施乙基多杀菌素。

金针虫

害虫识别与为害特点

　　幼虫长期生活于土壤中，主要为害禾谷类、薯类、豆类、甜菜、棉花及各种蔬菜和林木幼苗等。幼虫体细长，长 20~25 毫米，亮黄色，成虫俗称叩头虫，黑色。幼虫蛀食植株根茎，使植株萎蔫枯死。

发生规律

　　幼虫和成虫在土中越冬。施用未充分腐熟有机肥有利于金针虫发生。4—5 月、9—10 月是为害盛期。

防治措施

　　农业措施： 施用堆肥、厩肥必须充分腐熟。

　　物理防治： 杀虫灯诱杀成虫。

　　化学防治： 土壤药剂处理。定植起垄前，每亩用 5% 辛硫磷颗粒剂 1~1.5 千克与 15~20 千克细土混合均匀，沟施或穴施，或 50% 辛硫磷乳油 1 000 倍液灌根。

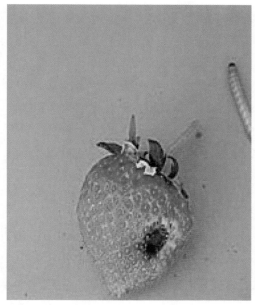

金针虫幼虫及草莓受害状
（图片来源：北京市昌平区植保植检站）

金针虫成虫
（图片来源：北京市昌平区植保植检站）

鼻涕虫蛞蝓

害虫识别与为害特点

　　蛞蝓俗称鼻涕虫，体长梭形，光滑柔软，爬行时体长 30~60 毫米；暗黑褐色、灰红色或黄白色。头部前端有 2 对触角，暗黑色，眼在后触角顶端；头前方有口，分泌的黏液无色。食性杂，主要为害蔬菜幼苗、嫩叶和嫩茎。将叶片吃成孔洞或缺刻，咬断嫩茎和生长点，使作物整株枯死，常造成缺苗断垄，同时排泄粪便，分泌黏液污染蔬菜，引起腐烂，降低品质。

发生规律

　　蛞蝓属软体动物门，一年 1~2 代，以成虫或幼虫在植物根部湿土下越冬，5—7 月在田间大量活动为害。入夏后气温升高，蛞蝓活动减弱，秋季气候凉爽后又活动为害。蛞蝓喜湿怕光，强光照射下 2~3 天即被晒死，因此多在夜间及清晨出外活动取食，白天则隐蔽在土中或覆盖物下面。一般在下午 18 时左右出土为害，晚上 22~23 时达到高峰，清晨之前又陆续潜入土中或隐蔽处。气温 11.5~18.5℃、土壤含水量为 20%~30% 时对野蛞蝓的生长发育最为有利。

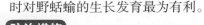

蛞　蝓
（图片来源：北京市顺义区植保植检站）

防治措施

　　农业措施：采用地膜覆盖栽培，减轻蛞蝓为害；清除田间、田埂杂草，减少虫源，地边、沟边撒生石灰保苗；雨季深沟排水，小高垄栽培，保持土壤表层干燥，抑制蛞蝓为害；傍晚田间堆放鲜嫩杂草、菜叶诱集，天亮前人工捕捉。

　　物理防治：在蔬菜生长期间，每亩用生石灰 5~7.5 千克，撒在地表成带状，可防止蛞蝓进入；蛞蝓发生期针对棚室前脸和后墙部位喷洒 1% 食盐水，使蛞蝓体内水分外流导致死亡。

　　化学防治：蔬菜播种后或定植后，每亩使用 6% 密达杀螺颗粒剂 500 克或蜗克星 250~500 克，于晴天傍晚，均匀撒施或分片撒施（片粒间距 30~50 厘米）于裸地表面或作物根际周围，便蜗牛、蛞蝓触药而死，提高保苗效果，每生长季使用一次。

蛞　蝓
（图片来源：北京市延庆区植物保护站）

蘑菇螨虫

害虫识别和为害特点

　　害螨的若螨和成螨均可为害食用菌，直接咬食菌丝，把菌丝咬断，引致菌丝萎缩不长，造成接种后不发菌，或发菌后出现"退菌"现象，严重时培养料内的菌丝全被食光，造成只菇无收；子实体生长阶段，害螨也能咬啮小菇蕾及成熟子实体，在子实体表面形成不规则的褐色凹陷斑点，造成菇蕾死亡、子实体萎缩或畸形。除直接为害外，害螨还会携带病菌，传播病害。

发生规律

　　多数害螨喜温暖潮湿环境，常潜伏在稻草、米糠、麦皮、棉籽壳中产卵，并随同这些材料进入菇房，在环境不良时变成休眠体，休眠体腹部有吸盘，能吸附在蚊、蝇等昆虫体上进行传播。螨虫在 15~38℃ 为繁殖高峰。20~30℃，一代历期 15~18 天。每只雌螨产卵量 50~200 粒。螨虫能以成螨和卵的方式在菇房层架间隙内越冬，在温度适宜和养料充分的时候继续为害。

防治措施

　　农业措施：菇房中一旦发生害螨，短时间难以彻底防除，生产中对其防控应以预防为主。选用无螨菌种，菌种带螨是导致菇房螨害暴发的主要原因；双孢菇培养料进行二次发酵，其他菇种熟料栽培时培养料应彻底灭菌，杀灭其中的螨虫和卵，菇房在生产开始前进行彻底灭虫处理。

　　化学防治：药剂可选用 4.3% 菇净 1 000 倍液喷雾，5 天后再用 10% 浏阳霉素乳油 1 000~1 500 倍液喷雾。注意，在生产期间发生螨害，采用药剂防治时要选用高效低毒低残留的安全杀螨剂，用药前要将菇床上的蘑菇采净，用药后采收一定要严格执行农药的安全间隔期。

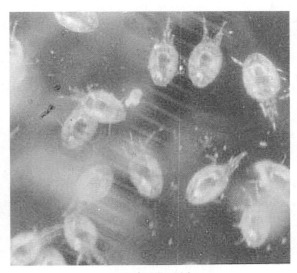

螨虫（显微照片）
（图片来源：北京市植物保护站）

番茄棉铃虫

害虫识别与为害特点

老熟幼虫体长 25~35 毫米，体色多变。以幼虫蛀食番茄、茄子、辣椒、甜椒等作物的果实为主。幼果先被蛀食，然后逐步被掏空引起腐烂和脱落。

发生规律

北京地区每年发生 3~4 代，以二三代幼虫为害为主。成虫羽化后在夜间产卵，卵散产。一头雌蛾一般一生可产卵 500~1 000 粒，最高可达 2 700 粒。卵多产在叶背面，也有产在正面、顶芯、叶柄、嫩茎上。成虫有趋光性（尤其对黑光灯），趋化（味）性较弱，对新枯萎的白杨、柳、臭椿趋集性强。初孵幼虫仅啃食嫩叶和花蕾成凹点，一般在 3 龄开始蛀果，大龄幼虫转果蛀食频繁。

防治措施

农业措施： 及时整枝打杈，摘除虫果。

物理防治： 利用其具有趋光性、趋化性特点，采用杀虫灯、杨树枝把诱杀成虫；在保护地风口处设置防虫网，可有效阻止成虫进入。

生物防治： 产卵高峰期释放赤眼蜂，8 000~1 000 头 / 亩，5~7 天释放一次，共释放 3 次；在产卵高峰期，喷施高效 Bt（16 000 国际单位 / 毫克）可湿性粉剂 1 000~2 000 倍液，根据虫情喷 1~2 次；还可用 20 亿个 / 毫升棉铃虫核型多角体病毒悬浮液，50~60 毫升 / 亩。

化学防治： 在产卵高峰期，幼虫尚未蛀入果内，选用 5% 氯虫苯甲酰胺乳油 3 000 倍液、2% 甲维盐乳油 2 000 倍液或 1.8% 阿维菌素乳油 1 500 倍液，注意轮换用药。

番茄棉铃虫卵
（图片来源：北京市顺义区植保植检站）

番茄棉铃虫幼虫及其为害状
（图片来源：北京市顺义区植保植检站）

马铃薯瓢虫

害虫识别与为害特点

马铃薯瓢虫主要为害茄子、豆角、番茄等蔬菜。成虫、幼虫在叶背剥食叶肉，仅留表皮，形成许多不规则半透明的细凹纹，状如箩底，也能将叶吃成孔状，甚至仅存叶脉。严重时受害叶片干枯、变褐，全株死亡。果实被啃食处常常破裂、组织变僵；粗糙、有苦味，不能食用。成虫集中产卵，卵的排列与其他有益瓢虫不同，每个卵粒之间都有间隙。

发生规律

成虫有假死性。一般于 5 月开始活动，6 月上中旬为产卵盛期，6 月下旬至 7 月上旬为第一代幼虫为害期，8 月中旬为第二代幼虫为害盛期。成虫以上午 10 时至下午 4 时最为活跃，午前多在叶背取食，下午 4 时后转向叶面取食。相对湿度 50%~85% 的条件下最适宜各虫态生长发育。

防治措施

农业措施：在产卵盛期，摘除叶背卵块；利用成虫的假死性，拍打植株，将震落的成虫集中加以杀灭。

化学防治：田间卵孵化率达 15%~20% 时，可选用 4.5% 高效氯氰菊酯 1 000 倍液、1.8% 阿维菌素 2 000 倍液或 20% 氰戊菊酯 3 000 倍液喷雾。

马铃薯瓢虫卵及为害状
（图片来源：北京市延庆区植物保护站）

马铃薯瓢虫成虫
（图片来源：北京市植物保护站）

黏　虫

黏虫成虫
（图片来源：石宝才）

黏虫为害状
（图片来源：石宝才）

害虫识别与为害特点

黏虫具有群聚性、迁飞性、杂食性、暴食性，是重要农业害虫。为害麦类、谷子、玉米等禾谷类粮食作物及豆类、蔬菜等16科100多种植物。幼虫食叶，大发生时可将作物叶片全部食光。

成虫体长15~17毫米，翅展36~40毫米。头部与胸部灰褐色，腹部暗褐色。前翅灰黄褐色，内横线有数个黑点，环纹与肾纹褐黄色，界限不明显，外横线为一列黑点，亚缘线至顶角为一列黑点。卵长约0.5毫米，半球形，初产白色渐变黄色，有光泽，单层排列成行成块。

老熟幼虫体长38毫米，头红褐色，头盖有网纹，额扁，两侧有褐色粗纵纹，略呈八字形，外侧有褐色网纹。体色由淡绿至浓黑，变化甚大。蛹长约19毫米，红褐色，腹部5~7节背面前缘各有一列齿状点刻，臀棘上有刺4根，中央2根粗大。

发生规律

北京地区属于黏虫发生的二代区，成虫有趋光性和趋化性，多在夜间交尾产卵，黎明时寻找隐蔽场所。在麦田喜把卵产在麦株基部枯黄叶片叶尖处折缝里。幼虫共6龄，1~2龄幼虫多在麦株基部叶背或分蘖叶背光处为害，使叶片呈现白色斑点，3龄后的幼虫有假死性，受惊动迅速卷缩坠地，畏光，晴天白昼潜伏在麦根处土缝中，傍晚后或阴天爬到植株上为害，3龄后蚕食叶片成缺刻，5~6龄幼虫进入暴食期，食光叶片或把穗头咬断，其食量占整个幼虫期90%左右。幼虫发生量大食料缺乏时，常成群迁移到附近地块继续为害，老熟幼虫在根际表土1~3厘米做土室化蛹。天敌主要有步行甲、蛙类、鸟类、寄生蜂、寄生蝇等。

防治措施

物理防治：糖醋液诱杀成虫，杨树枝把诱集成虫，杀虫灯诱杀成虫。

化学防治：在幼虫低龄期，可选用25%灭幼脲3号悬浮剂加4.5%高效氯氰菊酯1 000倍液、5%甲维盐3 000倍液或1.8%阿维菌素1 500~2 000倍液喷雾防治。

草莓蛴螬

害虫识别与为害特点

成虫又名金龟子，幼虫又名土蚕、地蚕，乳白色、肥大，"C"字形。成虫、幼虫均可为害。主要以幼虫为害地下根系及嫩的根茎，造成缺苗断垄，成虫取食叶片。新建的棚、室发生普遍。

发生规律

成虫具有昼伏夜出性、假死性、趋光性和趋化性，喜在畜禽粪便处产卵。幼虫具有喜湿性。成虫有多次交配、分批产卵的习性，每雌可产卵近百粒，初孵幼虫先取食土壤中有机质，后取食幼根。

防治措施

农业防治：施用充分腐熟的堆肥、厩肥。

物理防治：杀虫灯诱杀成虫。

草莓蛴螬
（图片来源：北京市昌平区植保植检站）

化学防治：残羹剩饭、腐烂水果、糖醋液与敌百虫混合置于容器中诱杀成虫；土壤药剂处理，亩用5%辛硫磷颗粒剂1~1.5千克与15~20千克细土混合均匀后撒施后起垄铺膜，或50%辛硫磷乳油1 000倍液灌根。

大白菜跳甲

害虫识别与为害特点

　　大白菜跳甲主要是黄曲条跳甲，又名黄条跳甲、菜虱子、土跳蚤、黄跳蚤，是鞘翅目的小虫，除为害大白菜外，还为害其他十字花科蔬菜。虫态有成虫、卵、幼虫、蛹。成虫长椭圆形，体长约 2 毫米，黑褐色，有光泽，前翅革质有两条纵向黄色条纹，后足腿节膨大，善于跳跃。主要在大白菜幼苗期为害，成虫咬食叶片，吃成许多小圆孔，影响幼苗生长，严重时造成缺苗断垄。幼虫潜伏土表，啃食其根部表皮，致使地上部萎蔫死亡。幼虫为害更胜于成虫。

发生规律

　　以成虫在土壤缝隙及残株杂草中越冬，春季温度达 10℃时即开始活动，夏季 32℃时活动最盛，虫口密度最大。北京 8 月，正是大白菜幼苗期，而成虫又有趋嫩性，为害最为严重。若温度超过 34℃，成虫在中午常潜伏于地面的土壤缝隙，早晚出来为害。成虫多产卵于湿润的表土层。幼虫在表土下 3~5 厘米处活动为害，化蛹在 3~7 厘米处。

大白菜黄曲条跳甲
（图片来源：北京市顺义区植保植检站）

防治措施

　　农业防治：彻底清除菜田及周围落叶残体和杂草，播前 7~10 天深耕晒土；尽量避免十字花科蔬菜重茬连作；有条件的地块可以铺设地膜，减少成虫在根部产卵。

　　物理防治：用黄板诱杀成虫。

　　化学防治：土壤处理可杀死土壤中的幼虫和蛹，可选用 300 克 / 升氯虫·噻虫嗪悬浮剂灌根；可选用 5% 氯虫苯甲酰胺悬浮剂7 000~10 000 倍液、1.8%阿维菌素乳油 1 500 倍液或 2.5% 乙基多杀菌素乳油 1 000 倍液喷雾。注意，早晨或傍晚施药，喷药时从菜园周边往中间喷；轮换用药，避免产生抗药性。

大白菜黄曲条跳甲
（图片来源：北京市顺义区植保植检站）

桃介壳虫

症状识别

桃树介壳虫也叫桑白蚧，是桃树的重要害虫。成虫橙黄至橙红色，雌虫体扁平卵圆形，长约 1 毫米，雄虫体长 0.6~0.7 毫米，仅有翅 1 对；雌介壳圆形，直径 2~2.5 毫米，有螺旋纹，灰白至灰褐色，雄介壳细长，白色，长约 1 毫米，背面有 3 条纵脊。卵椭圆形。初孵若虫淡黄褐色，扁椭圆形，体长 0.3 毫米左右，能爬行，蜕皮之后开始分泌蜡质介壳。以若虫和雌成虫群集固着在枝干上吸食养分，形成枝条表面凹凸不平，枯枝增多，甚至全株死亡。

发生规律

在北京地区一年发生两代，以受精雌成虫在枝干上越冬，越冬成虫 4 月下旬开始产卵，卵产在介壳内，4 月底至 5 月初为产卵盛期，第一代卵孵化盛期在 5 月中旬，卵期 10 天左右，第一代雌成虫 7 月中旬产卵，7 月下旬为产卵盛期，第二代卵孵化盛期在 7 月下旬至 8 月上旬，孵化后的若虫继续爬到枝条上为害，9 月雌雄虫经交配以后以受精雌成虫在被害枝干上越冬。

桃介壳虫
（图片来源：北京市平谷区植保植检站）

防治措施

农业防治：做好清园工作，冬季及时剪除病虫枝、干枯枝，集中销毁，减少虫源。

化学防治：萌芽前喷洒 1~2 次 5 波美度石硫合剂，或 100 倍机油乳剂，消灭越冬雌成虫，要求充分喷湿喷透。在幼龄孵化期，可用低毒高效农药喷杀，如用 40% 啶虫·毒死蜱乳油 1 000 倍液或 4% 鱼藤酮乳油 1 500 倍液，每 5~7 天喷一次，连续 2~3 次。虫体密集成片时，喷药前可用硬毛刷刷除再行喷药，以利药液渗透。

桃介壳虫
（图片来源：北京市平谷区植保植检站）

桃小食心虫

害虫识别与为害特点

　　成虫体灰白或灰褐色，雌虫体长 5~8 毫米，翅展 16~18 毫米，前翅前缘中部有一个明显的三角形大黑斑，雄虫略小。卵圆形，深红色。幼虫体长 13~16 毫米，桃红色，节间明显色浅，前胸背板褐色至深褐色。蛹长 6.5~8.6 毫米，淡黄褐色。越冬幼虫茧圆形，质地紧密；化蛹茧纺锤形，疏松。

　　幼虫仅为害果实，果面上针状大小的蛀果孔呈黑褐色凹点，四周呈浓绿色，外溢出泪珠状果胶，干涸呈白色蜡质膜，此症状为该虫早期为害的识别特征。幼虫蛀入果实内后，在果皮下纵横蛀食果肉，使果面凹陷不平，果实变形，形成畸形，即所谓的"猴头"果；随虫龄增大，向果心蛀食，排粪于其中，造成所谓的"豆沙馅"。

发生规律

　　以幼虫在树干周围约 3 厘米土层下结茧越冬。翌春平均气温约 16℃、地温约 19℃时开始出土，在土块或其他物体下结茧化蛹。成虫在 6—7 月间大量羽化，夜间活动，有趋光性和趋化性。6 月下旬产卵于苹果、梨的萼洼和枣的梗洼处。7~8 月为第一代幼虫为害期，8 月下旬幼虫老熟，结茧化蛹，8—10 月初发生第二代。年发生 1 代地区，脱果幼虫随即滞育，结越冬茧越冬。中晚熟品种采收时仍有部分幼虫在果内，随果带入贮存场所。

桃小食心虫幼虫
（图片来源：石宝才）

桃小食心虫成虫
（图片来源：石宝才）

防治措施

　　物理防治：利用桃小食心虫性诱剂诱杀成虫；人工在树冠下的树盘直径 1 米左右耙土，杀死出土越冬幼虫。

　　生物防治：在桃小食心虫成虫发生期过后 1 周左右释放赤眼蜂。

　　化学防治：在树冠下的树盘直径 1 米左右，喷药后覆膜；5% 的辛硫磷颗粒剂拌土；在成虫高峰期过后 2~3 天树上喷施 4.5% 高效氯氰菊酯 1 000 倍液、10% 氯氰菊酯 1 000~2 000 倍液、2% 甲维盐 2 000~3 000 倍液、20% 灭幼脲 1 000 倍液或 16 000 国际单位 / 毫克的苏云金杆菌 800~1 000 倍液。

小菜蛾（吊死鬼）

害虫识别与为害特点

小菜蛾以幼虫为害甘蓝、紫甘蓝、青花菜、芥菜、花椰菜、白菜、油菜、萝卜等十字花科蔬菜。成虫多在叶片背面，沿叶脉产卵；1龄幼虫在叶片背面潜食叶内，仅取食叶肉，2龄以后在菜叶上形成一个个透明斑，俗称"开天窗"，3~4龄幼虫取食菜叶，造成孔洞和缺刻，严重时整个叶片被吃成网状。在苗期常集中在心叶为害，影响包心；在留种株上，为害嫩茎、幼荚和籽粒。

发生规律

小菜蛾是迁飞性害虫，华北地区一年发生4~6代，世代重叠。成虫具有趋光性，昼伏夜出，白天隐藏在植株荫蔽处，受惊后在植株间短距离飞行，也可随风远距离飞行；黄昏后开始取食、交尾、产卵，一只雌虫可产卵200~300粒；午夜前后活动最盛。幼虫受惊立即快速扭动、倒退、翻滚或吐丝下垂；老熟幼虫在叶背吐丝做茧，在茧内化蛹。

小菜蛾卵
（图片来源：石宝才）

防治措施

农业措施：尽量避免十字花科蔬菜周年连作、套栽，切断虫源；收获后及时清除和处理残株败叶，消灭残存虫源。

物理措施：黑光灯或高压汞灯诱杀，每年4月初开灯诱杀成虫；定植后，利用小菜蛾性诱剂诱杀雄虫，每亩设3个诱捕器，诱芯每30天更换一次，必要时添加水和洗衣粉。

化学防治：在幼虫1~2龄盛期，可选用6%乙基多杀菌素悬浮剂1 500倍液、5%氯虫苯甲酰胺悬浮剂7 000~10 000倍液或1.8%阿维菌素乳油1 000~1 500倍液进行一次喷雾。注意，配制药液时应加入展着剂，于早晨或傍晚施药，均匀喷施；轮换用药，避免产生抗药性。

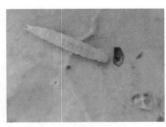

小菜蛾幼虫
（图片来源：北京市延庆区植物保护站）

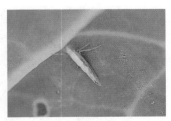

小菜蛾成虫
（图片来源：北京市延庆区植物保护站）

小麦吸浆虫

害虫识别与为害特点

北京地区发生种类为小麦红吸浆虫，雌成虫体长 2~2.5 毫米，翅展 5 毫米左右，红色。前翅透明，有 4 条发达翅脉。触角细长，14 节，雄虫每节中部收缩使各节呈葫芦结状，膨大部分各生一圈长环状毛。以幼虫潜伏在小麦颖壳内吸食正在灌浆的汁液，造成秕粒、空壳。

小麦吸浆虫蛹

（图片来源：北京市植物保护站）

小麦吸浆虫成虫

（图片来源：北京市顺义区植保植检站）

麦粒受害状

（图片来源：北京市顺义区植保植检站）

发生规律

小麦红吸浆虫年发生 1 代，以末龄幼虫在土壤中结圆茧越夏、越冬。成虫羽化期与小麦进入抽穗期一致。麦红吸浆虫畏光，中午多潜伏在麦株下部丛间，多在早晚活动，卵多聚产在护颖与外颖、穗轴与小穗柄等处，每雌虫产卵 60~70 粒，成虫寿命约 30 多天，卵期 5~7 天，初孵幼虫从内外颖缝隙处钻入麦壳中，附在子房或刚灌浆的麦粒上为害 15~20 天，经 2 次蜕皮，幼虫短缩变硬，开始在麦壳里蛰伏，抵御干热天气，这时小麦已进入蜡熟期。麦红吸浆虫有多年休眠习性，遇有春旱年份，有的不能破茧化蛹，有的已破茧，又能重新结茧再次休眠，休眠期有的可长达 12 年。

防治措施

农业防治：选用抗虫品种，选用穗形紧密，内外颖毛长而密，麦粒皮厚，浆液不易外流的小麦品种。轮作倒茬，麦田连年深翻，与油菜、豆类、棉花和水稻等作物轮作。

化学防治：在起身拔节期，每亩撒施 5% 辛硫磷颗粒剂 5 千克。在小麦抽穗至扬花期，用 4.5% 高效氯氰菊酯乳油 1 500~2 000 倍液等喷雾防治成虫。

草莓蚜虫

害虫识别与为害特点

　　为害草莓的蚜虫主要为棉蚜和桃蚜。成虫、若虫群集在草莓叶片背面、心叶和叶柄，吸食草莓汁液，分泌蜜露，生长点和心叶受害后，叶片卷缩、扭曲变形，影响植株正常生长。

发生规律

　　蚜虫在温室草莓为害主要集中在 9—12 月和 2—5 月，3—4 月为盛期，多在嫩叶、叶柄、叶背活动吸食汁液，分泌蜜露污染叶片，同时蚜虫传播病毒，使种苗退化。

防治措施

　　农业防治：及时摘除草莓老叶、病叶，清除温室周边杂草。

　　物理防治：在通风位置设置防虫网；在温室内设黄板诱杀，从定植期开始使用，每栋温室用 10~20 块，挂置高度略高于草莓植株 10~20 厘米，诱杀有翅蚜虫，定期更换。

　　生物防治：在蚜虫发生初期，田间释放瓢虫，每亩放 100 卡（每卡 20 粒卵），捕杀蚜虫。注意保护草蛉、食蚜蝇、蚜茧蜂等自然天敌。

　　化学防治：可选用 25% 噻虫嗪（阿克泰）水分散粒剂 3 000~5 000 倍液、3% 啶虫脒（莫比朗）乳油 1 500 倍液、1.8% 阿维菌素乳油 1 000~1 500 倍液或 22% 氟啶虫胺腈（特福力）悬浮剂 7 000~8 000 倍液进行叶面喷雾，注意轮换用药。注意农药安全间隔期，以免产生抗药性和药害。注意，喷雾防治，要避开草莓开花期，而且用药时将蜜蜂搬出棚外。

草莓蚜虫
（图片来源：北京市植物保护站）

草莓蚜虫
（图片来源：北京市植物保护站）

黄瓜蚜虫

害虫识别与为害特点

为害瓜类蔬菜的蚜虫主要是瓜蚜。无翅蚜体长1.5~1.9毫米,夏季多为黄色(也称伏蚜),春秋为墨绿色至蓝黑色。有翅蚜体长2毫米,头、胸黑色。以成虫和若虫在瓜叶背面和嫩梢、嫩茎及果实上吸食汁液。嫩叶及生长点被害后,叶片卷缩,生长停滞,甚至全株萎蔫死亡;老叶受害时不卷缩,但提前干枯。蚜虫为害时还排出大量的蜜露污染叶片和果实,引起煤污病菌寄生,影响光合作用。

发生规律

蚜虫又称腻虫,温室内周年发生。在露地,晚秋气温降低,蚜虫迁飞到越冬寄主交尾后产卵过冬,早春卵孵化后先在越冬寄主上生活繁殖几代,部分蚜虫再迁飞到其他寄主作物上为害。气温为16~22℃时最适宜蚜虫繁育,干旱或植株密度过大有利于蚜虫为害。有翅成蚜还可传播病毒病。

黄瓜蚜虫为害状
(图片来源:北京市昌平区植保植检站)

防治措施

农业防治:清理田园,及时清除黄瓜田内和地头上的杂草,处理残枝败叶,消灭滋生蚜虫的场所。

物理防治:高温闷棚;使用银灰色地膜栽培,有驱避蚜虫的作用;保护地采用黄板诱杀蚜虫,每亩挂黄板20~30块。

生物防治:在蚜虫发生初期,田间释放瓢虫,每亩放100卡(每卡20粒卵),捕杀蚜虫。注意保护草蛉、食蚜蝇、蚜茧蜂等自然天敌。

化学防治:可选用25%噻虫嗪(阿克泰)水分散粒剂3 000~5 000倍液、3%啶虫脒(莫比朗)乳油1 500倍液、1.8%阿维菌素乳油1 000~1 500倍液或22%氟啶虫胺腈(特福力)悬浮剂7 000~8 000倍液进行叶面喷雾,注意轮换用药。

黄瓜蚜虫为害状
(图片来源:北京市房山区植物保护站)

小麦蚜虫

害虫识别与为害特点

　　小麦蚜虫又名腻虫，是小麦生产中的主要害虫，以成虫、若虫吸取汁液为害小麦，且蚜虫排出的蜜露落在麦叶上，会严重地影响光合作用，造成小麦减产。小麦蚜虫主要包括麦长管蚜、禾谷缢管蚜和麦二叉蚜。基本上为孤雌胎生蚜。虫态具有有翅成虫、有翅若虫、无翅成虫、无翅若虫。

发生规律

　　麦蚜的越冬虫态以无翅胎生雌蚜在麦株基部叶丛或土缝内越冬。小麦蚜虫间歇性猖獗发生，与气候条件密切相关。一般早播麦田蚜虫迁入早，繁殖快，为害重；夏秋作物的种类和面积直接关系麦蚜的越夏和繁殖。前期多雨气温低，后期一旦气温升高，常会造成大爆发。

防治措施

　　农业防治：使用种衣剂加新高脂膜拌种，驱避地下病虫。冬麦适当晚播，实行冬灌，早春耙磨镇压。

　　生物防治：保护利用自然天敌控制麦蚜。麦田中麦蚜的天敌种类较多，主要有瓢虫、食蚜蝇、草蛉、蜘蛛、蚜茧蜂，其中以瓢虫及蚜茧蜂最为重要。

　　化学防治：小麦在抽穗期时，麦蚜的防治指标为300头/百穗。可用50%抗蚜威可湿性粉剂1 500~3 000倍液、10%吡虫啉1 500~2 000倍液或4.5%高效氯氰菊酯1 000~1 500倍液喷雾。

小麦蚜虫

（图片来源：北京市顺义区植保植检站）

小麦蚜虫

（图片来源：北京市顺义区植保植检站）

烟粉虱

害虫识别与为害特点

烟粉虱是一种白色小蛾子，又称小白蛾子，成虫体长近1毫米，虫体淡黄白色到白色，左右翅合拢呈屋脊状，两翅之间有缝隙。若虫椭圆形，淡绿色至黄色。

成虫和若虫主要群集在植物嫩叶背部，以刺吸式口器吸吮汁液，传播病毒，分泌蜜露产生煤污。

发生规律

烟粉虱的虫态有卵、若虫和成虫。烟粉虱在寄主植株上的分布有逐渐由中下部向上部转移的趋势，成虫主要集中在下部，从下到上，卵及1~2龄若虫的数量逐渐增多，3~4龄若虫及蛹壳的数量逐渐减少。成虫生长发育适温为14~39℃，相对湿度要求60%以上，喜欢无风温暖天气，有趋黄性。北京地区保护地周年发生，露地7—9月为发生为害盛期。烟粉虱繁殖力强、世代重叠严重，北京一年可发生10~15代，一头雌虫可产卵达300粒。

烟粉虱成虫
（图片来源：北京市延庆区植物保护站）

烟粉虱成虫
（图片来源：北京市延庆区植物保护站）

烟粉虱引起煤污病
（图片来源：北京市延庆区植物保护站）

防治措施

农业防治： 清洁田园，在受烟粉虱为害的作物收获后清除残枝落叶。

物理防治： 利用烟粉虱对黄板具有强烈的趋黄性，可在温室内设黄板诱杀成虫，15~20 块／亩；换茬时进行高温闷棚，6—8 月时拔除植株，补好棚膜漏洞，封闭 7~10 天，之后清除棚内植株残体。

生物防治： 烟粉虱发生初期开始释放丽蚜小蜂，连续 2~3 次，每亩每次释放 5 000 头，注意放蜂期间和放蜂后千万不能喷洒化学农药，否则前功尽弃。

化学防治： 棚室育苗或定植前，用敌敌畏烟剂熏棚消毒，降低虫源；中午时分用手触碰植株发现小白蛾子飞出应立即用药，茄果类苗期选用选用 24% 螺虫乙酯（亩旺特）4 000~5 000 倍液，生长期选用 25% 噻虫嗪（阿克泰）水分散粒剂 3 000~5 000 倍液、10% 吡丙醚乳油 800~1 200 倍液或 3% 啶虫脒（莫比朗）乳油 1 000~2 000 倍液等药剂喷雾。

玉米螟

害虫识别与为害特点

玉米螟成虫黄褐色，雄蛾体长 10~13 毫米，前翅黄褐色，有两条褐色波状横纹，两纹之间有两条黄褐色短纹，后翅灰褐色。卵扁平椭圆形，数粒至数十粒组成鱼鳞状卵块。老熟幼虫体长 25 毫米左右，圆筒形，淡褐色，头黑褐色，胸腹部背线亚背线褐色，清晰；蛹长 15~18 毫米，黄褐色，长纺锤形。

玉米螟低龄幼虫取食叶片；高龄幼虫蛀穗蛀茎，雄穗被蛀，常易折断，影响授粉，苞叶、花丝被蛀，会造成缺粒和秕粒；茎秆、穗柄、穗轴被蛀，形成隧道，使茎秆倒折，籽粒产量下降。

玉米螟幼虫
（图片来源：石宝才）

玉米螟成虫
（图片来源：北京市植物保护站）

发生规律

幼虫孵出后，先聚集在一起，然后在植株幼嫩部分爬行，开始为害。初孵幼虫，能吐丝下垂，借风力飘迁邻株，形成转株为害。幼虫多为 5 龄，3 龄前主要集中在幼嫩心叶、雄穗、苞叶和花丝上活动取食，被害心叶展开后，即呈现许多横排小孔；4 龄以后，大部分钻入茎秆。

防治措施

农业防治：推广秸秆还田，或用作沤肥、饲料、燃料等，以减少玉米螟越冬基数。利用高压汞灯或频振式杀虫灯诱杀玉米螟成虫。利用玉米螟趋化性，制成诱饵，在玉米螟成虫产卵前进行诱杀，可有效降低落卵量，减轻玉米螟的为害程度。

生物防治：利用赤眼蜂防治，放蜂时间在蛾高峰期后 2~3 天第一次放蜂，间隔 1 周后第二次放蜂。一般每亩释放 1 万头，蜂卡别在健壮玉米植株中部叶背。

化学防治：在玉米心叶末期（5% 抽雄），将 5% 辛硫磷颗粒剂撒在喇叭筒里，每亩 2.5 千克。在雄穗打苞期，用氰戊菊酯乳油或 2.5% 溴氰菊酯乳油喷雾。

彩椒烟青虫

害虫识别与为害特点

烟青虫主要为害彩椒、辣椒等蔬菜，以幼虫蛀食幼蕾、花、果实，造成落花落果，导致果实腐烂，也可咬食嫩叶，形成缺刻或将叶片吃光，也可为害嫩茎，形成孔洞使幼茎中空而倒折。幼虫钻入果内，啃食果皮、胎座，并在果内缀丝，排留大量粪便，使果实不能食用。

彩椒烟青虫
（图片来源：北京市延庆区
植物保护站）

发生规律

在华北地区一年 2~4 代，以蛹在土中越冬，成虫昼伏夜出，对萎蔫的杨树枝有较强的趋性，对蜂蜜亦有趋性，趋光性则弱。在甜椒和辣椒生长前期卵多产于上部叶片正面或背面近叶脉处，后期多产在花瓣、萼片或果实上，单产。幼虫有假死性，幼虫 3 龄后开始蛀果为害，只要食料充足，一般不转果为害。

防治措施

农业措施：秋季翻耕菜田，冬季或早春灌水，消灭或压低越冬蛹数量；成虫发生期，利用高压汞灯、杨树枝把诱杀成虫；加强田间管理，结合整枝，及时打叉，能有效地减少卵量，同时注意摘除虫果，捕杀幼虫，以压低虫口数量；保护地可在通风口、门口挂防虫网，阻止成虫进入。

彩椒烟青虫为害状
（图片来源：北京市延庆区
植物保护站）

生物防治：释放赤眼蜂，每亩 6~8 个放蜂点，每次释放量为 8 000~10 000 头，每隔 15 天释放一次。

化学防治：化学农药防治的关键是要抓住卵孵化盛期，幼虫蛀果前，进行喷药防治。如果发生期较一致，在卵高峰期喷一次药，隔 5~7 天再喷一次就能基本控制为害。可选用 6% 乙基多杀菌素 20 毫升 / 亩、20% 氯虫苯甲酰胺 4 000~5 000 倍液、20% 灭幼脲 3 号胶悬剂 1 000 倍液、1.8% 阿维菌素乳油 1 000~1 500 倍液或 1% 甲胺基阿维菌素苯甲酸盐 30 克 / 亩喷雾。注意在用药过程中，不要连续使用同一品种，各种药剂要交替轮换使用，能延缓烟青虫抗药性的产生和发展。

参考文献

郭喜红，董民，尹哲．2014.蔬菜主要病虫害安全防控原理与实用技术［M］.北京：中国农业科学技术出版社．

李国强．1999.植物医生实用手册［M］.北京：中国农业出版社．

吕佩珂，李明远，吴钜文，等．1998.中国蔬菜病虫原色图谱（修订本）［M］.第2版.北京：农业出版社．

郑建秋．2013.控制农业面源污染——减少农药用量防治蔬菜病虫实用技术指导手册［M］.北京：中国林业出版社．